이순신의 삶과 장교의 도(道)

지도자의 품성과 자세·덕목

良書閣

이 책은 2009년 경남대학교 학술연구 장려금 지원사업
으로 편찬되었습니다.

머 리 말

지휘관은 지휘의 중심이며 원동력이다. 동서고금의 전쟁사를 살펴보면 전쟁의 승패는 그 군대보다 오히려 지휘관에게 달린 바가 컸다. 고올을 정복한 것은 로마인이 아니라 시저였으며, 로마를 전율케 한 것은 카르타고군이 아니라 한니발이었다. 전승은 지휘관이 승리를 확신하는 데서 비롯되고 패배는 지휘관이 패배를 자인하는 데서 결정되었다. 군의 의지는 지휘관의 의지이고, 군의 승패는 결국 지휘관의 의지로 결정된다. 똑같은 상황에서도 명장은 이를 호기로 보나 졸장은 그것을 위기로 보기 때문이다.

훌륭한 장교가 되기를 희망하는 군사학도들은 군사문제에 대한 해박한 지식이나 군사기술에 관한 박학다식보다 지도자로서 갖추어야 할 품성과 자세, 덕목을 갖추기 위하여 자신을 수련하는 것이 더욱 중요하다는 것을 명심해야 한다. 언젠가 그가 수많은 부하를 휘하에 지휘하고, 그들의 생사를 가름할 전장에 섰을 때, 그의 판단과 결심에 따라 부대의 승패는 물론, 수많은 부하들의 생명과 국가의 안위가 걸리게 될 것이기 때문이다. 그래서 장교를 국가간성이라 부르는 것이다.

평소에는 군을 관리하고 부대를 훈련하며 국가존망의 시기에 전쟁의 승패를 결정하는 군의 대소 지휘관이 양성되고 배출되는 장교단은 이러한 의미에서 국가의 보루가 되어야 한다. 따라서 장교는 평소부터 항상 자신의 사명이 중차대함을 인식하고 풍부한 지성과 덕성 그리고 어떠한 난관에서도 굴복하지 않는 불굴의 용기를 구비할 수 있도록 자신의 발전에 최선을 다해야 하는 것이다. 뿐만 아니라 항상 왕성한 책임관념과 확고한 의지로서 책무를 수행하고 부하와는 고락을 같이하며 솔선수범함으로써 군의 의표로서 존경과 신뢰를 받도록 해야 하는 것이다.

그러한 의미에서 충무공 이순신의 삶은 국가의 안보를 최전방에서 책임지는 국가간성으로서 살아가는 장교들에게는 둘도 없는 소중한 삶의 지표가 될 수 있을 것이다. 이순신의 삶은 군의 지도자로서 갖추고 살아가야 할 품성과 자세, 그리고 소중한 덕목들을 우리에게 가르쳐 주고 있기 때문이다. 그래서 충무공 이순신의 삶을 중요한 사례로 삼아 장교는 과연 어떤 자세로 어떻게 살고 행동해야 할 것인가를 살펴보고자 하였다. 그리고 그러한 덕목들을 몇 가지로 나누어 부연해 설명하고자 하였으나 그것들은 모두 사족에 지나지 않을 것이다. 말미에 첨부한 지휘관과 참모, 그리고 지휘 요체는 일본의 병학서 「통수강령」의 핵심 내용을 참고로 발췌 요약한 것임을 밝힌다.

2009년 3월

목 차

Ⅰ. 이순신의 삶과 장교의 자세

충무공 이순신은 이미 우리가 그에 관한 역사적 사실이나 전기를 통해서 그 분이 어떤 사람인가를 잘 알고 있다. 이순신은 평범한 인간으로 태어나 올바른 삶의 지표를 정하고 남다른 지혜와 용기, 신념으로 헌신적인 삶을 살았으며, 굳건한 지조로서 무수한 역경을 극복해 낸 그러한 삶은 오늘날 우리가 다시 한 번 조명해 보고 되새겨 보아야 할 소중한 배움의 자산이다. 더구나 국가간성으로 살아가야 할 우리 군사학도에게는 우리가 살아가면서 귀감으로 삼아야 할 장교의 도를 그의 삶의 자세로서 가르쳐 주고 있는 것이다.

충무공 이순신(1545년~1598년)은 54년간의 굵고 짧은 일생을 값있게 살고 간 위대하면서도 성실한 사람이었다. 사실 그는 일생 동안 후세의 귀감이 될 모범적인 무인의 자세로 조국과 겨레를 위한 삶을 살았으며 사심없는 헌신과 봉사의 길을 걸었다. 그는 오직 성실과 공명정대를 삶의 지표로 하여 일관되게 살면서, 자신의 사사로운 이익은 추호도 딤하는 직이 없었다. 그러나 적과 싸움에 임해서는 필승의 신념과 탁월한 지도력을 발휘하여 적을 물리치고 조국과 겨레를 구했으며 마지막에 노량 해전에서 목숨마

저 기꺼이 마치신 분이다.[1)]

1. 무관으로의 길을 선택

충무공 이순신은 이조 중기 1545년 3월 8일 서월 건천동[2)]에서 덕수 이씨의 12대 손으로 태어났다. 그의 부친은 벼슬길에 나서지 않았던 평범한 선비였고, 4형제 중에 셋째 아들로 태어났다. 당시 그의 가정은 검소하게 살아가는 선비의 집안으로 '충직정명(忠直正明)'을 숭상하는 가풍을 지니고 대대로 청빈한 삶을 이어 가면서도 자녀들의 교육에는 정성을 다하였다.

가난한 선비의 집에서 태어난 소년 이순신은 어려서부터 남보다 씩씩한 성격과 영특 담대함을 갖추고 있었고 어린애답지 않은 침착함까지 겸비한 소년으로 자라났다. 그리고 선비의 집에서 태어난 아들이었지만 글공부를 하는 것보다 밖에서 뛰어 놀며 전쟁놀이를 즐겼다고 한다. 전쟁놀이를 할 때도 항상 그의 동무들이 이순신을 대장으

---

1) 충무공 이순신의 생애에 대해서는 조성도, 「충무공 이순신」(서울: 연경문화사,2003); 김종대, 「여해 이순신」(서울: 예담, 2008); 송찬섭, 「난중일기」(서울: 서해문집, 2007); 노병천, 「이순신」 (서울: 양서각, 2005); 강신철, 「함경도 일기」(서울: 21세기 군사연구소, 2001) 등 시중에 많은 서적들이 나와 있다. 이순신 장군이 임진왜란 7년 기간 중 직접 기록한 「난중일기」 친필초고는 현재 국보 제 78호로 지정되어 아산 현충사에 보관되어 있다.

2) 건천동은 지금의 서울 남산밑 필등에 인접한 인현동 1가 부근으로 밝혀지고 있다. 조성도, 「충무공 이순신」, 위의 책, p.14.

로 받들었다고 하니 그는 비록 나이는 어렸지만 벌써부터 리더로서의 자질을 내면에 갖고 있었음을 알 수 있다.

뿐만 아니라 이순신은 어려서부터 부모에게 효성이 지극하고 남달리 형제간에 우애가 두터웠으며 인간적으로는 남에게 의리가 있어 이웃간에 그의 칭송이 자자하였다고 한다. 이러한 소년 이순신에 대하여 그의 부모는 은근히 이순신의 앞날에 기대를 걸었을 것이다. 어린 시절부터 글방을 다니며 한학을 공부하던 이순신은 나이 20세가 지날 무렵 보성군수의 딸과 결혼을 하게 되고, 결혼생활을 하면서도 그는 항상 글공부나 활쏘기를 게을리 하지 않았다.

아마 무인이 되어야겠다는 마음가짐은 어릴 적부터 갖고 있었다고 볼 수 있지만, 그가 결혼한 부인의 부친이신 보성군수 방진이 무인이었으므로 그의 장인으로부터 많은 가르침과 감화를 받았던 것도 사실이었을 것이다. 이순신은 그의 나이 22세가 되던 해에 이르러 그는 붓은 던지고 활을 잡았으며 책을 던지고 말에 올라 무예를 닦기 위한 본격적인 훈련을 시작하였다. 그때 이순신의 키는 6척에 이르렀고 그의 마음은 이미 훌륭한 무인이 되어 국가에 충성을 다하겠다는 포부와 결의에 차 있었던 것이다.

문인으로서의 출세를 단념하고 무인의 길을 택하기로 한 결심은 문인을 숭상하는 당시 이조 사회로 보아서는 보통 사람이 하기 힘든 선택이었을 것이며, 그의 부모와 주위 어른들도 이순신의 재능을 아쉬워 했을 것이다. 그러나 무인으로서의 길을 택하겠다는 그의 결의는 흔들리지 않았다. 이순신의 나이 28세 때 서울 훈련원에서 무사선발 시험이 있었는데, 이 시험은 별과시험으로 여기에 합격하면 오늘날의 장교가 되는 것이었다. 이 시험에 응시하여 시험 도중 이순신은 말을 타다가 부상을 입고 안타깝게도 낙방하였으나 4년 후 식년무과에 다시 응시하여 병과(丙科)에 합격하였다.

이 때 그의 나이 32살이었으니 적지 않은 나이에 오늘날의 장교에 임관하였던 것이다. 이 시험은 지난번 별과시험과는 달리 나라에서 4년마다 한 번씩 보이는 정식 과거시험이었다. 이 시험에서 그는 무예와 무경강독에 능통하여 시험관을 크게 놀라게 했다고 하는 일화도 있다.[3] 스스로의 실력으로 당당하게 합격한 그는 그 후 자신이 가져야 할 태도를 분명히 하고 살았으며, 자신의 보직을 위해서나 출세를 위하여 권문세가와 결탁하거나 비굴하게 아부하지 않았다.

이순신은 "대장부라는 것은 세상에 나서 나라에서 써줄 것 같으면 죽음으로 충성을 다할 것이요, 써주지 않으면 시골에 가서 밭을 갈고 살면 될 것이다."라고 말하면서 자

3) 시험관이 이순신의 재능과 어느 정도의 병서를 읽었는가를 시험하려고 장량의 죽음에 대하여 묻자, 이순신은 "사람이 나면 반드시 죽는 법입니다... 어찌 신선을 따라 죽지 않았을 것입니까? 그것은 다만 가탁하여 하는 말이었을 것입니다."라고 대답하여 시험관이 크게 감탄했다고 한다. 위의 책, pp. 27~28.

신의 분수를 지키려는 태도와 어떠한 직위에도 만족한다는 깨끗하고 공명정대한 생활신조로 군 생활에 임하였다. 그리고 항상 자기 자신의 능력을 남에게 과시하거나 윗사람에게 아부하지 않는 그의 성격은 때로는 그의 군 생활에 어려움을 안겨 주기도 했으나 그는 결코 자신의 신념을 굽히거나 시류에 영합하여 하지 않은 채 강직한 품성을 지니고 살았던 것이다.

2. 북방지역 근무

무과시험에 합격한 후 발령만을 기다리고 있던 이순신은 그해 12월에 함경도 삼수 고을 동구비보의 권관으로 임명되었다.[4] 권관이란 조선시대 변경의 작은 진보에 두었던 종9품의 수장이었다고 하니 오늘날로 보면 전방 소초의 파견대장 정도 되었을 것이다. 함경도 산간벽지의 임지에 도착한 이순신은 모든 일을 계획성 있게 실천하면서 자신의 직분에 최선을 다하였다.[5] 군사에 대한 훈련, 여진

4) 함경도 삼수라는 곳은 흔히 오지의 대명사로 일컫는 삼수갑산(三水甲山)에 나오는 지명으로 우리나라에서 가장 험한 산골이다. 이곳은 조선시대 최악의 귀양지의 하나며, 여진족의 침략이 빈번했던 곳이다.

5) 산간벽지 권관으로 부임한 이순신은 제일 먼저 전투태세를 점검했다. 또한 이순신은 몇 가지 복무계획을 수립하는데, 이는 이후 그가 늘 준수했던 부대지휘원칙이 된다. 첫째, 방어를 위한 시설을 보강하고, 둘째, 무기를 수시로 점검하고 신무기를 개발한다. 셋째, 철저한 교육훈련을 시키고, 넷째, 엄정한 군기를 지킨다는 것이다. 참으로 말단 지휘관 치고는 야심찬 계획이었다.

족의 침범에 대비한 방비책의 수립, 그곳에 산재하여 살고 있는 백성들의 생활을 위한 대책 등 어느 것 하나 빈틈없이 수행하였다. 이곳 동구비보의 권관 직무를 3년간 수행하고 난 후, 이순신은 서울에 있는 훈련원으로 보직을 이동하였다.

훈련원은 지금의 육군본부와 같이 군사들의 인사, 고시, 교육 및 훈련 등에 관한 업무를 관장하고 있었는데 당시 인사군기와 군율은 극도로 문란하여 고위층의 청탁에 따라 이루어지는 인사이동이 빈번하였으나 아무도 이를 바로 잡을 관리가 없었다. 그러한 곳에 이순신은 '봉사(奉事)'라는 직책을 맡았는데, 이는 훈련원 내에서 최하위직에 속하는 것이었다. 그러나 전방에서 한양으로 보직이동하고 품계도 종9품에서 종8품으로 승진하였으니 무인으로서는 영전이었음에 틀림없다.

당시 이순신이 맡은 주 업무는 군사들의 인사관계 업무였으므로 주위로부터 인사에 관한 압력이나 청탁이 자주 있었을 것이다. 그러나 원래 강직한 그의 성품으로는 그러한 청탁이나 압력을 받아들일 수 없었다. 한 가지 예로, 그의 상관이었던 병조정랑 서익은 정5품으로서 지금의 국장급 되는 사람이었는데, 자기의 친지 한사람을 승진시키려고 인사관계 서류를 꾸며달라고 청탁을 하자, 이순신은 그

강신철, 「함경도 일기」 위의 책, p.27~28.

부탁을 듣지 않으면 자신에게 불이익이 있을 것을 알면서도 그것의 부당함을 말하면서 끝내 듣지 않았다고 하니 얼마나 그가 공명과 정대에 대한 확고한 신념을 갖고 있었는지 알 수 있다.[6]

이러한 이순신의 처신은 그것으로 앙심을 갖는 사람도 많이 있었지만, 결국 그의 인물됨은 장안에 알려지게 되었고, 이러한 이순신과 인척관계를 맺고자 하는 사람도 나타났다. 그의 사람됨을 알게 된 병조판서 김귀영이 자신의 서녀를 이순신에게 소실로 시집을 보내려고 중매인을 보낸 일이 있었다. 보통사람 같았으면 무인의 최고직위에 있는 사람과 그러한 인척관계를 맺고 출세의 길에 도움을 받고 싶어 했겠지만, 이순신은 "벼슬길에 처음 나온 내가 어찌 권세있는 집에 의탁하여 출세하기를 도모하겠는가." 하고 중매인을 돌려보내고 조금도 그에 대한 미련을 갖지 않았다.

그는 훈련원에 부임한 이래, 당시 극도로 문란한 인사군기를 바로 잡으려고 노력하였으나, 말단직에 있는 그에게는 너무나 벅찬 일이었다. 더구나 병부랑과의 관계, 또 상관에 고분고분하지 않는 태도는 미움을 받게 마련이었다. 이리하여 권세와 돈만을 따라 다니는 훈련원 내의 간부들

6) 군 생활을 시작한지 얼마 되지도 않는 장교로서 이러한 상관의 부당한 지시에 직면하여 우리는 과연 어떻게 해야 할 것인가 하는 것은 매우 중요하고 심각하게 고민해야 할 문제이다. 만약 나는 이러한 경우에 어떻게 할 것인가 한번 생각해보자.

은 이순신을 부하로 두거나, 아니면 훈련원 내에 그대로 두면 자신의 부정이 탄로 날 것이고, 앞으로 부정을 할 수 없을 것이라고 생각한 나머지, 이순신에 대한 새로운 인사 조치를 강구하고 있었던 것이다.

그래서 이순신은 훈련원에 부임한지 8개월 만에 충청도 명마절도사의 군관으로 전직되어 충청도 해미로 내려갔다. 뜻밖의 전직을 당했지만, 이순신은 조금도 흔들리지 않고 공사를 엄격히 구분하여 처신하였다. 그의 거처에는 의복과 금침이외에는 아무것도 두지 않았으며, 양식도 그가 공무 중에 먹어야 할 양식만을 조금 있을 따름이었다. 이와 같은 그의 태도는 나중에 직속상관인 병마절도사도 알게 되어 크게 놀랐고 마침내 그의 신임을 받기에 이르렀다고 한다.[7)]

3. 최초의 수군 생활

이순신은 이듬해 그의 나이 36세가 되던 해에 전라 좌

---

7) 정유년 1월 27일자 「선조신록」 에 따르면, 유성용은 이순신을 가리켜 "성품이 강의해서 남에게 굽힐 줄 모른다."고 묘사했다. 이순신은 23년간 군인생활 중에 세 차례의 파직과 두 차례의 백의종군을 겪었다. 하지만 그러한 경우에도 누구를 비난하는 법이 없었다. 그대로 임지에 가서 그 직무에만 전념했다. 부당하게 파면을 당했을 때에도 복직운동은 생각조차 하지 않았다. 상사의 오해를 받아도 굳이 찾아가서 해명하려 들지 않았다. 승진하려는 노력도 물론 없었다. 타고난 강직함과 결벽증에 가까운 청렴함을 지니고 살았다. 김종대, 「여해 이순신」 , 위의 책, p.41.

수영 관내의 발포 수군 만호로 전직되어 최초로 수군으로 근무하게 되었다.[8] 당시 만호의 품계는 종4품이었으니 승진이 된 것이었다. 발포는 조그마한 포구로서 이곳에서 그는 수군 만호로 남해안 지방의 해안방위 임무를 맡게 된 것이다. 그러나 오직 정의와 성실 밖에 모르는 그에게는 항상 중상과 모략이 뒤따라 다녔다.

이순신이 발포로 부임하여 해상의 방비를 위하여 군 장비를 주변으로부터 보수하고 있을 때였다. 거짓을 꾸며서 이순신을 참소하는 말을 듣게 된 전라 감사 손식은 이순신에게 단단히 벌을 주려고 벼르고 있었는데, 순찰 도중 능성(지금의 능주)에 이른 감사는 별다른 이유없이 이순신을 마중 나오라고 하였다. 그리고 이순신을 만난 감사는 진서(陣書)에 대한 강독을 명하였으나, 그의 능숙한 강독에는 아무런 트집을 잡을 수 없자, 감사는 다시 이순신에게 여러 진의 모양을 그리게 하였다. 감사의 마음은 이번에 잘못 그리면 그것을 구실로 삼아 단단히 벌을 주려는 것이었다.

그러나 진의 모양을 그리는 데도 이순신은 매우 능숙하였다. 침착한 그는 조용히 붓을 들고 감사가 원하는 진도

---

8) 당시 충청병사가 이순신을 좋게 보았는지, 9개월 동안 군관(참모)로 데리고 있다가 발포 만호로 승진시켜 내보냈다. 발포는 지금의 고흥에 있는 내발리를 말한다. 그리고 만호는 중대장 격이나 당시 고을의 행정권을 쥐고 있는 점을 고려하면 지금의 해안 대대장 격에 행정권까지 장악하고 있었다고 보면 된다. 강신철, 위의 책, p.54.

를 정묘하게 그려 내었다. 이번에는 꼭 트집을 잡아야 하겠다고 있었던 감사는 한참 동안이나 꾸부리고 보다가 트집은 고사하고 경탄하고 말았다. 그 후로는 감사는 자신의 경솔했음을 뉘우치고 이순신을 대우하게 되었다고 한다. 이렇게 이순신은 매사 자기의 임무에 충실하였고 그 직무를 수행함에 누구도 흠잡을 수 없을 정도로 처신을 다했던 것이다.

또 하나의 일화는, 어느 날 그의 상관 수사가 거문고를 만들겠다고 이순신에게 발포 만호 관사 앞뜰에 있는 오동나무를 베어 보내라 하였으나, 비록 한 그루의 나무라도 그 오동나무는 국가의 물건이고 또 여러 해 동안 길러온 것을 하루 아침에 베어 버릴 수 없다고 거절함으로써, 수사는 노발대발하였으나 결국은 오동나무를 베어 가지 못하고 말았다고 한다. 이 처럼 이순신은 공과 사를 구분하는데 철저하였고, 옳은 일에는 절대로 그의 소신을 굽히지 않았던 것이다. 그러나 이러한 이유로 항상 소인배들로부터는 미움을 받게 되었던 것이다.

얼마 후 수사와 감사가 같이 모여 여러 진장들의 성적을 평가하는 과정에서 관내 5개 포구 중에서 이순신이 관장하는 발포를 가장 나쁘게 배점하여 상부에 보고하려고 하였는데, 당시 전라 감사를 보좌하며 모든 행정 사무를 관장하고 있었던 조헌(임진왜란 때의 의병장)의 항의로 좌절되고 말았던 것이다. 여러 전장들의 성적을 기록하던 조헌은 수사의 그릇된 평가에 의분을 참지 못하고 붓을 멈추고 감사와 수사의 정면에서 "이순신이 군사를 다스리는 법이 도내에서는 제일이라는 말을 들어서 알고 있습니다. 다른 진은 모두 그 아래에 둔다 하더라도 이순신만은 나쁘게 평가 할 수 없는 것입니다."라고 항의했다고 하니 세상에는 올바른 정의가 반드시 매몰되지 않는다는 것을 알 수 있다.

그러나 여러 번의 위기를 간신히 모면해 오면서 자기의 직분에만 충실했던 이순신은 결국 파직을 당하는 끔찍한 일을 당하고 말았다. 그의 나이 38세 때의 1월, 임금의 특명으로 지방에 파견되어 실무 상황을 조사하여 보고하는 특사로서 '군기 경차관'이 발포에 내려 왔는데, 그 사람이 바로 지난날 훈련원에서 이순신에게 혼이 난 서익이었다. 서익은 이순신을 보복할 수 있는 좋은 기회라 여기고 "발포 만호 이순신은 군기를 전혀 보수하지 않았으므로 파직하여야 한다."는 내용의 보고를 올려 이순신은 발포 만호에서 파직되고 말았다.[9)]

이러한 조치는 이순신에게는 너무나 원통하고 억울한 것이었지만 이순신은 태연자약하였고, 자신의 구명운동에

9) 결국 이순신은 발포 만호로 보직 받은 지 18개월 만에 보직 해임에 파면까지 당하고 만다. 이순신은 모든 것이 무너지는 것을 느꼈을 것이다. 이순신의 꿈 많던 군 생활도 끝나는 듯 했다. 그러나 그는 태연자약하게 책을 벗 삼아 세월을 보냈다. 강신철, 위의 책, PP.58~59.

결코 나서지 않았다. 그러나 이순신이 받은 부당한 파직은 결코 오래 가지를 않았다. 비록 이순신은 파직되었지만 그의 인품과 사람됨, 능력은 알려져 있었고, 지금까지 그가 걸어온 발자취가 결코 헛되지 않았던 것이다. 파직된 후 약 4개월 후 그는 3년 전에 근무한 적이 있는 훈련원의 '봉사'로 다시 보직되었던 것이다. 비록 계급이 강등되어 복직된 것이었지만 그는 결코 불평하지 않고 자신의 일에 충실하였다.

이러한 어려운 상황에서도 이순신은 누구를 원망하거나 원한을 품지 않았으며 벼슬자리가 좀 낮아진 데 대하여 불평도 하지 않았다. 그는 지금까지 충실히 공직을 이행하였다고 생각하였고 언제 어떠한 곳이라도 나라를 위하여 헌신한다는 굳건한 태도를 갖고 맡은 바 직분에 충실하며 최선을 다하려 했던 것이다. 그러나 이러한 시련은 어떤 면에서는 그의 인간적 성숙을 기하는 데 약이 되기도 했을 것이다. 남에게 억울한 일이 없게 하는 동시에 자신도 억울한 말을 듣지 않도록 해야겠다는 다짐 같은 것은 필요한 것이기도 하였다고 볼 수 있다.

그러나 이러한 가운데서도 이순신은 결코 공명정대해야 한다는 그의 초심을 버리지 않았던 것이다. 이순신은 틈만 나면 활쏘기 연습을 하였는데, 그의 화살통은 오랫동안 간직한 것으로 여러 사람의 눈에 오르내리고 있었으므로 당시 정승이었던 유전이 "그 전통을 나에게 줄 수 없겠는가.”하자, 이순신은 공손히 “전통을 드리기는 어렵지 않습니다. 그러나 남들이 대감이 받은 것을 어떻다 하며, 소인이 바치는 것을 어떻다 하오리까. 다만 전통 하나로 대감과 소인이 함께 더러운 말을 듣게 되는 것이 두렵습니다.”라고 대답하니, 유정승도 “과연 그대 말이 옳다”고 했다고 하는 일화는 이순신의 인간됨을 단적으로 나타내고 있다.10)

4. 두 번째 북방생활과 첫 번째 백의종군

이순신은 39세 때, 함경남도 병마절도사의 특별한 인사 요청에 의해 그 곳의 군관으로 전직되었다. 당시 함경남도 병마절도사 이용은 3년 전 전라좌수사로 있으면서 이순신에게 벌을 주려고 했던 사람이었다. 그 후 이용은 이순신의 인품을 알게 되고 지난 날 자기의 잘못을 깊이 뉘우친 후 이순신을 자기의 군관으로 삼으려고 했던 것이며, 당

10) 당시 화살통은 무인들 사이에 상관에게 뇌물을 바칠 때 그 안에 귀한 것을 넣어 주는 것이 관례였다고 한다. 그러니 화살통 자체도 그러하거니와 세상 사람들이 그 안에 뇌물까지 있다고 생각할 수 있음을 이순신이 걱정이 되어 말한 것이다. 뿐만 아니라 유전이 병조판서를 지낸 후에 바로 이어서 인지는 정확하지 않으나 이순신과 같은 덕수 이씨 문중인 이율곡이 병조판서로 임명되게 되었는데 평소부터 이순신이 훌륭한 인재임을 듣고 있던 율곡이 유성룡을 통하여 만나 보고자 하니, 이순신은 “같은 친척이므로 병조판서에 계실 때는 만나는 것은 옳지 못한 일입니다.”라고 말하며 만나기를 거부했다고 하니 참군인을 꿈꾸던 그에게는 조금이라도 부끄러운 일을 우선 자신이 용납할 수 없었기 때문이다. 위의 책. pp.60~61.

시 조정에서도 이순신의 재능과 사람됨을 잘 알고 있었으므로 그러한 조치를 승인했던 것이다. 이리하여 이순신은 두 번째로 북방생활을 하게 되었고, 당시 병마 절도사 이용은 대소 군무를 모두 이순신과 의논하였다고 한다.

그곳에서 3개월의 군관 생활을 충실히 이행하던 이순신은 그 해 10월에 건원보 권관으로 전임되었다. 새로 부임된 건원보는 함경북도 두만강변의 경원군 내에 위치하여 여진족의 침입이 자주 있었던 곳이었다. 특히, 이순신이 이곳으로 부임하기 전에는 나탕개 및 울기내 등 여진족의 침구가 빈번히 일어나고 있었다. 조정에서는 이들이 쉽게 토벌되지 않아 골머리를 앓고 있던 중에 이순신을 발령한 것이다.

이순신은 부임과 동시에 철저한 방비책을 강구하고, 한편으로는 적을 유인하여 전멸시킬 작전을 구상하였다. 작전결과 수년 동안 조정에서 골치를 앓으면서도 격퇴하지 못했던 여진족을 사로잡아 조정에서는 이순신에게 큰 상을 내리려고 하였다.[11] 그러나 당시 이순신의 직속상관인 북병사 김우서는 이순신이 단독으로 크게 성공한 것을 시기하여 "이순신은 나에게 보고하지 않고 임의로 큰일을

---

11) 여진족이 침략해 들어오자 이순신은 후퇴하는 양 후방으로 적을 유인하여 미리 매복시켜 둔 복병으로 여진 두목 울기내를 비롯한 오랑캐를 사로잡아 일방적 승리를 거두었지만, 김병사의 장계로 큰 상이 취소되고 말았다. 김종대, 「내게는 아직도 배가 열 두척이 있습니다」(서울: 북포스, 2004), p.38.

행하였으므로 옳지 못하다"는 보고서를 조정에 제출하여[12] 조정은 그에 대한 포상을 취소하였다.

이순신은 건원보에 있으면서 벼슬이 만기가 되어 참군으로 승진하였다. '참군'은 훈련원의 무관직으로 정7품이었다. 차츰 이순신의 존재를 알게 된 많은 사람들은 그가 권세있는 집에 자주 드나들지 않아 벼슬이 뛰어 오르지 못한다고 애석하게 생각하였다고 한다. 한편 그 해 11월 충남 아산에서 그의 부친이 별세하여 다음해 정월에야 부음 소식을 듣고 휴가를 얻어 아산으로 향하였다. 이 무렵 이순신의 인물됨이 차츰 알려지게 되어 상중의 몸으로 휴직중에 있었지만, 조정에서는 그를 빨리 다시 기용하기 위하여 탈상일이 언제냐고 두 번 세 번 문의 하였다고 한다. 이순신 나이 42세 때 1월, 부친의 3년 상을 끝내자마자 사복시 주부로 부임되었다. 사복시는 궁중의 거마(車馬)에 관한 일을 맡는 관청으로 주부는 종6품의 관원이다. 그러나 부임 후 16일 만에 다시 함경도 조산보 만호로 부임하게 되었다. 조산보는 지금의 함경도 경흥군 내에 위치한 곳이다. 당시 여진족의 침입이 극심하여 조정에서 적임자를 엄선하던 중 이

12) 당시 함경북병사로 있던 김우서는 처음부터 이순신을 곱게 보지 않았다. 남병사 이용의 추천으로 전방이 다급한 나머지 예하 장수로 받았지만, 이순신의 성격을 익히 들어 알고 있었기 때문에 썩 내키지 않았던 것이다. 김우서는 이순신의 작전계획에 대하여 승인도 거부도 하지 않은 채 침묵을 지켜 버린 것이다. 전투는 시간이 중요한 지라 이순신은 병사의 침묵을 승인으로 여기고 작전을 감행했던 것이다. 강신철, 위의 책, pp.67~76.

순신을 종6품에서 종4품인 만호로 승진시켜 발령한 것이었다. 이리하여 이순신은 다시 여진족을 상대로 북변생활을 하게 되었다.

다음해 8월에는 녹둔도 둔전관을 겸임하게 되었다. 이 녹둔도는 두만강 하구에 위치한 조그만 섬으로서 조산보와는 20리 밖에 떨어져 있지 않았고, 북방의 군량을 조달하기 위해서 이곳에 민간인 수백명을 이사시켜 둔전을 실시하는 곳이었다. 이순신은 최전방을 방위하는 일선 지휘관 겸 군량미까지 생산해 내는 후방의 농장 관리관까지 맡게 된 것이다. 그렇게 되니 만약 군사들이 농사일을 할 때 여진족이 침범하면 전투병력이 부족할 수 밖에 없었다. 더구나 녹둔도는 수시로 여진족이 출몰하는 지역인 관계로 섬 주변에 목책을 둘러치고 개간을 하고 있었는데 이순신은 이곳의 책임을 맡자 먼저 안전을 위한 방비책을 강구하였다. 그러나 지금의 경비병으로는 여진족의 침입을 격퇴하기가 어렵다고 판단한 그는 직속 상관격인 함경도 병마절도사 이일에게 "군병의 수효가 너무 적으니 더 많은 군병이 있어야 한다." 고 하는 보고를 하였다. 그러나 상부에서는 이를 허락하지 않았다. 할 수 없이 이순신은 병력의 추가 보충을 요청하면서 한편으로는 소수의 군병이나마 훈련을 시켜 유사시에 대비하였다.

그러나 얼마 후 이곳의 방비가 미약함을 알게 된 여진족들이 추수한 곡물을 탈취하기 위하여 허술한 목책을 포위하고 공격을 가해 왔다. 당시 목책 안에는 경비병이라고는 겨우 10명의 군병들이 방비하고 있었다. 여진족은 기병을 선두로 공격을 개시하였고 수비장 오형과 감관 임경번 등이 전사하자 이순신은 몸소 뛰어나가 반격을 개시하였다. 그는 먼저 붉은 갑옷을 입고 선두에 오는 몇 명을 활을 쏘아 쓰러뜨리자 여진족은 당황하여 도주하기 시작하였다. 이순신은 도주하는 적을 계속 추격하여 여진족에게 사로잡힌 백성들 중에서 60여명을 도로 찾고 병력의 부족으로 추격을 중지하였다.

결국 이 날의 전투는 병력의 부족으로 백성과 수비병 160여명이 여진족에게 사로잡혀 갔으며, 10여명의 전사자가 났으므로 모처럼의 수비전투가 사실상 실패로 돌아간 것이었다. 그러나 소수의 병력으로 수많은 여진족의 침입을 격퇴하고 60여명의 백성을 도로 찾아 온 것만도 큰 공훈으로 보아야 했다. 이 날 전투에서 이순신은 여진족의 화살을 맞아 왼쪽 다리를 다치기까지 하였으나 화살을 뽑고 전투를 계속했다고 한다.

그러나 이순신의 전공을 어느 누구보다도 잘 알고 있는 이일은 오히려 이순신을 죽이려고 하였다. 그는 증원군을 파견하지 않은 잘못과 그로 인해 생긴 피해에 대한 책임이 두려워 자신의 잘못을 모두 이순신에게 덮어 씌우려 했던 것이다. 이일은 이순신을 투옥시키고 자신에게 유리한 작전보고서를 작성하여 조정에 올렸다. 이일의 보고서를 접한 조정은 이 보고서를 무시할 수도 없었으나 지난 날의 이순신의 공적으로 보아 백의종군을 명령하였다.13)

이순신은 억울하였을 것이다. 자기의 몸에 화살을 맞으면서 용전분투한 대가를 '백의종군'이라는 명령과 바꾼 것이었다. 그러나 이순신은 말없이 이를 받아 들였다. 그는 비록 상관의 모함으로 비참한 처지에 놓여 있었으나 "명령 그 자체는 조정에서 내려지는 것이며, 또 조정의 명령인 이상 불평없이 그 처분을 받아야 한다."는 것을 깊이 명심하고 있었던 것이다.

그러나 얼마가 지난 뒤 백의종군에서 벗어날 기회가 왔다. 이듬해 1월 14일 두만강 너머 여진족의 시전부락 정벌작전에서 공을 세워 특사를 받고 사면되었다. 이순신은 이 작전에서 적에서 화공을 퍼부어 아군에 큰 성과를 안겨준 공로로 백의종군의 죄명을 벗어날 수 있었다. 이순신의 북변생활은 이와 같이 순탄하지 않은 시련의 시절을 겪으며 지냈다. 그러나 시련을 통하여 인간은 성장하는 것이다.14)

---

13) 조정에서는 전후 사정을 살펴 볼 때, 이순신을 패전했다고 말할 수 없다 하면서도 이순신에게 '백의종군하여 다시 공로를 세우도록 하라'는 엉뚱한 명령을 내린 것이다. 그러나 이 백의종군 명령은 일종의 죄명이기는 했으나 실제로는 이순신에게 조산보 만호의 직무를 수행케 하면서 명목만 백의종군케 하는 특이한 형태의 처벌이었다. 김종대, 위의 책, p.44.

14) 저자는 30여년의 군 생활을 통하여 이것을 체험하였다. 인간은 고난과 시련을 통하여 성장하는 것이다. 온실 속의 화초는 결코 풍상을 겪으며 자라는 거목이 될 수 없는 것이라는 이야기를 후배들에게 꼭 해주고 싶다. 비록 실패가 있더라도 좌절하지 말고 다시 일어서면 그만큼 성장하게 되는 것이다.

5. 정읍 현감 시절

이순신이 함경도에 나가 온갖 쓰라린 고비를 겪고 44세 되던 해 6월에 서울로 돌아와 한가로운 날을 보내고 있었다. 그런데 45세 때 1월 조정에서 인재(人材)를 얻는 방책으로 '불차탁용(不次擢用)'의 탁발책(擢拔策)을 써서 무신을 천거한 일이 있었는데 이순신도 천거되었다. 이 불차탁용은 조정이 필요시 일정한 차례를 따지지 않고 뽑아 쓸 만한 사람을 발탁하는 것이었다. 그는 이 불차탁용에 천거되었으나, 아무런 임명을 받지 못하여 관직에 오르지 못하다가 왜침이 임박했던 1589년 그의 나이 45세 때의 2월, 전라 감사 이광의 군관으로 임명되었다.

전라 감사 이광은 본관이 이순신과 같은 덕수 이씨로 함경도 감사를 지낸 적이 있어 이순신의 능력과 사람됨을 잘 알고 있었다. 이광은 이순신과 같은 인재가 재야에 썩고 있는 것을 안타깝게 느끼면서 그를 조정에 건의하여 전라도의 조방장을 겸임하게 하였다. 그리하여 이순신은 발포 만호에서 파직을 당한 후 7년 만에 다시 남쪽에서 군관생활을 하게 된 것이다. 이때부터 이순신의 그의 이름이 차차 알려져서 12월에 전라도 정읍 현감으로 발령되어 부임하였다. 당시 현감은 작은 고을의 군수와 비슷한 것으로 품계는 종6품이었다.[15]

---

15) 현감은 만호보다 품계는 낮았지만, 당시에는 한 고을의 수령이

또한 그는 정읍 현감으로 부임하면서 태인현까지 겸임하게 되었다. 당시 태인현은 오랫동안 현감의 공석으로 공문서류가 산더미 같이 쌓여 있었으나 이순신은 문무겸전의 능력을 발휘하여 모든 서류를 일거에 정리하여 거침없이 처리하였다고 한다. 또한 청렴공정하고 백성을 지극히 사랑하는 이순신을 태인현 백성들은 태산같이 믿고 부모같이 받들었다는 것이다. 뿐만 아니라 이들 현민들은 어사에게 "이순신을 태인현의 현감으로 임명해 주기를 바랍니다."라는 내용의 글을 올리기도 했었다.

이순신이 정읍 현감으로 재직하고 있을 동안은 동인 정여립의 모반 사건으로 말미암아 그때까지 조정의 요직을 거의 독점해 온 동인들은 서인들에게 의해 사형, 유배, 또는 파직되는 등 한때 크게 기세가 꺾이게 되었으며, 서인들은 영구적인 득세를 위하여 발악하고 있었다. 그리고 왜(倭)의 「도요토미 히데요시」가 조선을 거쳐 중국(명나라)을 침략하고자 여러 번 사신을 보내어 위협하고, 또 국내의 정황을 정탐하고 있었으나, 이러한 위기를 모르는 채 조정의 당쟁은 끊일 줄을 모르고 있었다.

이순신이 정읍 현감으로 있을 동안 서인들이 득세하고 있었으나, 아직도 동인 중에 영의정 이산해 및 이순신의

되어야 생활비를 자유롭게 염출해 쓸 수 있었기 때문에 순수 무관인 만호보다는 현감이 훨씬 더 좋은 자리라 생각했다. 김종대, 위의 책, p.153.

인품을 잘 아는 유성룡[16] 등은 조정의 요직을 맡고 있었으며, 이들 동·서인으로 구성된 조정에서는 일단 이순신을 평안도 고사리진 병마첨절제사로 임명하였다. 이때는, 그가 정읍 현감으로 부임한지 8개월 후인 1590년(46세) 7월이었고, 발령된 첨절제사는 종3품관으로서 현감보다 훨씬 높은 벼슬이었다. 그러나 당쟁에 파묻혔던 사간원 대간들의 반대로 말미암아 그의 발령은 즉시 취소되고 말았다.

당시 대간들은 "변방 수령은 만 1년이 지나야 전직할 수 있다."는 인사 법규를 내세워 이순신의 파격적인 승진을 반대했던 것이다. 그런데, 조정에서는 1개월 후인 8월에 다시 정읍 현감 이순신을 당상관(堂上官)으로 승진시켜 만포진 수군첨절제사로 임명하였다. 그러나 역시"갑자기 대승진을 시킨다는 것은 부당하다."는 이유를 들고 나온 대간들의 반대로 본직인 정읍 현감으로 유임되고 말았다.

---

16) 류성룡(1542~1607)은 어릴적에 이순신과 한 동네에 살면서 이순신의 인물됨을 일찍이 알아서 그가 전라좌수사가 되는데 결정적인 역할을 했다. 임진왜란과 정유재란 중에 영의정과 도체찰사의 신분으로 전쟁 전반과 정무를 살폈다. 1597년 1월 27일에 투옥된 이순신에 대해 어전회의에서 강력히 변호했으나 윤두수 등의 반대로 실패했다. 정유재란이 끝날 무렵인 1598년에 명나라의 경략(도독 밑에 부사령관) 정응태가 "조선이 일본과 연합하여 명나라를 치려한다"고 명나라 본국에 무고한 사건이 발생하자 이를 적극적으로 해명하지 않았다고 북인의 탄핵을 받아 관직을 박탈당했다. 1600년에 복권했으나 벼슬을 집어던지고 안동군 풍천면 하회 마을에 은거하여 임진과 정유왜란에 대한 회고록인 '징비록'을 남겨 후손에게 전쟁을 경계하도록 했다. '징비록'의 뜻은 '잘못을 뉘우쳐 삼가라는 기록'이라는 의미다.

그 후, 두 곳의 발령이 취소되기는 했지만 "나라가 위급하면 충신을 찾는다."는 옛 격언과 같이 국난을 눈앞에 둔 조정에서는 다음해 2월에 다시금 이순신을 일단 진도 군수로 임명했다가 부임하기 전에 가리포 지금의 완도 수군 첨절제사로 임명하였다. 그러나 이것마저 부임하기 전에 전라 좌수사로 임명하였다.[17] 이 좌수사의 발령은 2월 13일로서 임진왜란이 일어나기 14개월 전이었으며, 품계는 정3품관이었다.

이리하여, 이순신은 대승진과 동시에 정읍에서 여수로 부임한 것이었으나 14년간의 쓰라린 공직생활에서 얻은 정3품의 벼슬이 결코 높은 것도 아니었으며, 스스로 승진이나 전직 운동을 한 것도 아니었다. 다만, 그를 전라 좌수사로 발령하게 한 것은 유성룡의 힘이 컸던 것이다. 실로 유성룡은 세력이 크게 꺾인 당파 속에서도 그를 추천함에 있어서는 조금도 주저하지 않았으며, 또 수사로 발령되기까지 많은 고충을 겪어야만 했던 것이다.[18]

---

17) 1591년 2월 16일, 조선 조정은 유난히 시끄러웠다. 그 때는 임진왜란이 일어나기 불과 1년 전이었다. 그 발단은 정읍 현감이던 이순신이 전라 좌수사로 임명된데 있었다. 사간원 대신들은 이순신의 전라 좌수사 승진에 대해 선조에게 공식적으로 문제를 제기했다. 그러나 선조는 "나도 안다, 다만 지금은 상규에 구애 될 수 없다. 인재가 모자라 그렇게 하지 않을 수 없었다. 그 사람이면 충분히 감당할 터이니 관직의 고하를 따질 필요가 없다."고 하였다. 선조는 단호하게 이순신의 승진을 매듭지었다. 2월 16일과 2월 18일의 「조선실록」에 따르면 이순신의 파격승진은 인재부족에 직면한 선조의 고육지책으로 보인다. 김태훈, 「이순신의 두 얼굴」(서울: 도서출판 창해, 2004) pp.15~17.

그 당시의 상황에 관하여 유성룡은 그의 징비록(懲毖錄)에서 "왜(倭)가 군사를 움직인다는 소식이 날로 급해지자, 위에서 비변사에 명하여 제각기 장수될 만한 인물을 천거하라 하므로 내가 순신을 천거하여 정읍 현감에서 전라좌수사로 승직시켰는데 그러한 갑작스런 승진을 찬성하지 않은 사람들이 많았다."라고 한 바와 같이 이순신이 전라 좌수사로 발령된 후에도 사간원에서는 이순신의 발령이 부당하다는 상소를 올렸으나 각하되었다. 결국 운명은 국난을 맡을 수 있는 기회를 이순신에게 주었던 것이다. 실로 당시는 임진왜란이 일어나기 전년으로 일본과의 관계가 점점 긴박해지고 있었기 때문에 선조는 비변사에 명령하여 장수될 만한 사람을 추천하도록 했던 것이고, 유성룡은 이순신의 장수됨을 이미 오래 전부터 알고 있었기 때문에 좌우의

18) 조선시대의 지방 각 도에는 병사(兵使: 병마절도사)와 아울러 수사(水使:수군절도사)가 있었다. 수사는 정3품 당상의 무관으로서 각 도소속의 수군을 총지휘하는 주진(主鎭)의 주장(主將)인 동시에 관하여 널려있는 거진(巨鎭)과 제진(諸鎭)들을 지휘통솔하고 군무를 감독하였다. 그리고 수사의 휘하에 있던 여러 진장 중에는 첨사(僉使:수군첨절제사)라는 것이 있었다. 첨사는 종3품 당하의 무관으로서 거진의 진장인 동시에 그 관내에 있는 모든 진을 지휘 감독하고 유사시에는 모든 진을 지휘하여 독자적인 전투를 수행 할 수도 있었다. 그리고 수사와 첨사는 당시 수군의 상급과 중급지휘관으로서 수군을 움직여 해방(海防)을 수행하는데 있어서 실로 중대한 역할을 했다고 할 수 있다. 그리니 임진왜란 당시 수사는 대부분 각도의 관찰사와 병사가 겸임하였고, 전임의 수사는 경상, 전라도의 좌, 우수사와 충청수사 뿐이었다. 이원균 저, 「조선시대사연구」 (서울: 국학자료원, 2001), p.156.

반대를 무릅쓰고 강력히 이순신을 전라 좌수사로 추천했기 때문이다. 그것은 결과로 임진왜란을 승리로 이끌고 나아가 민족의 역사와 운명을 바로 잡는 계기가 되었던 것이다.[19]

6. 전라 좌수사로 부임

이순신이 전라 좌수사로 임명된 1591년을 전후한 조선의 정세는 극도로 문란하였다. 조선 개국 1392년 이후 200년에 걸친 평화는 조선의 방위체계를 유명무실하게 만들었고 날카로웠던 병기를 녹슬게 만들었다. 오랜 기간의 고질적인 당쟁과 양반사회의 무사 안일한 자세는 조선의 국력을 극도로 약화시키고 말았다.

이즈음 바다 건너 일본은 전국시대를 마감하고 「노부나가」의 뒤를 이은 「히데요시」가 천하통일을 이룩하고, 조선과 명나라를 바라보며 대륙정복에 대한 허망한 야심을 준비하고 있었다. 그러나 조선은 이러한 일본의 움직임에 대하여 적극적인 대비를 하지 못하고 당쟁과 파당으로 점철된 국론분열의 내분만 일삼고 있었다. 심지어 일본 정국의 동태파악을 위해 조정에서 보냈던 통신사들마저 동인과 서인으로 나뉘어져 상이한 보고를 조정에 올리는 지경으로 국가안위를 눈앞에 두고 당쟁에 눈이 멀었으니 국가의 운명은 풍전등화와 다를 바 없었다.

---

19) 김종대, 위의 책, p.56.

이처럼 국정은 문란하고 관리들은 자신의 사리사욕에 빠져있는 동안 이순신은 전라 좌수사의 중책을 수행하기 위해 신명을 다하고 있었다. 무능한 조정은 일본의 침략을 눈앞에 두고도 민심을 동요시킨다는 이유로 방어시설 구축을 중지시키는가 하면, 수군을 없애고 육전에만 전력을 기울여야 한다는 편협한 육군 위주의 방어준비를 주장하는 장계가 올라가고 있었으니 뜻있는 일선 지휘관들의 고초는 이루 말할 수 없었을 것이다.

이 때 이순신은 수군을 없애고 육전을 위주로 해야 한다는 신립의 주장에 반대하여 닥쳐올 국난에 대하여 어떻게 대비해야 할 것인가 하는 확고한 소신을 피력하였다. 즉 바다로 침입하는 왜적을 저지하는데 있어서는 수군을 따를 만 것이 없으며 수군이나 육군 어느 한 쪽도 없앨 수 없다는 장계를 올려 조정의 그릇된 방침을 시정하였다. 전략적 식견에 있어서도 벌써 이순신을 어느 누구보다도 탁월한 안목을 갖고 있었던 것이다.

왜적의 침략에 대비하여 이순신은 예하 부대를 수시로 순시하면서 전선과 무기를 준비하고[20] 철저한 훈련으로 병사들을 조련하였다. 처음에는 무사안일의 타성에 젖어

20) 전라 좌수사는 그 휘하에 5개 수군부대(방답, 여도, 사도, 녹도, 발포)를 직접 지휘하고, 순천, 보성, 광양, 휴양, 낙안 등 5관을 관할하였다. 당시 소속 군선은 문서상으로 대명선 7척, 중명선 18척, 소명선 12척, 무병력소명선 28척으로 되어있으나, 실제는 그보다 훨씬 적었을 것이다. 김종대, 위의 책, p.56.

있던 병사들이 고된 훈련과 전투준비에 불평을 하고 피동적이었으나, 이순신은 명령과 지시만을 하지 않고 위엄있는 몸가짐과 인간적인 면으로 군사들을 접근하여 위로와 격려, 그리고 스스로 앞장서는 자세를 보임으로써 군사들이 스스로 따라 오도록 하였던 것이다.

이순신은 무슨 일이든지 자기가 지시한 일에 대해서는 반드시 확인 점검하였고, 맡은바 직무를 태만히 하는 군사들에 대해서는 엄중히 처벌하는 반면, 자기의 직무를 열심히 완수하는 군사들에 대해서는 포상과 격려를 잊지 않았던 것이다. 특히 그는 병선을 수리하지 않고 사리를 탐하는 자, 또는 백성들에게 해를 끼치는 자는 곤장으로 다스렸다는 것이 그의 난중일기에 자주 기록되고 있다.[21]

이순신은 좌수영의 수사로 부임한 이래 적과 싸워서 반드시 이길 수 있는 전쟁준비에 하루도 여념없이 바쁘게 지내면서도 자신의 무술연마를 위한 활쏘기는 물론 부대원의 활쏘기 연습에도 항상 지대한 관심을 갖고 노력을 집중하였다.[22] 당시 해군에 있어서 활은 개인화기에 해당

---

21) 난중일기의 내용 중에 보면, 임진년(1592) 1월 16일 정축 맑음. 동헌에 나가 공무를 보았다. 각 고을의 벼슬아치들과 색리(아전)들이 인사하러 왔다. 방답의 병선 군관과 색리들이 병선을 수리하지 않았기에 곤장을 쳤다. ……성밑에 사는 토병 박봉세는 석수랍시고 선생원에서 쇠사슬 박을 돌 뜨는 곳에 갔다가 이웃집 개에게까지 피해를 끼쳐 곤장 80대를 쳤다. 노승석, 「이순신의 난중일기 완역본」 (서울: 동아일보사, 2005), p.15.

22) 난중일기를 보면 이순신 장군은 틈만 나면 예하 제장들과 활쏘기를 하였다. 임진년 1월에는 4회, 2월에 6회, 3월에 7회, 4월에

하였으며 특히 해전에서 활쏘기는 중요한 전투능력이었기 때문이다. 뿐만 아니라 천, 지, 현, 황 등 각종 대포와 대장군전, 장군전, 화전 및 철환 등을 준비하고 이에 소요되는 수많은 화약과 물자를 준비하고 비축하였다.

또한 다가올 전쟁에 있어서 전쟁양상을 예측하면서 장차 해전에 있어서 적을 압도할 수 있는 장비를 개발하고 발전시키는 데 노력하였다. 그래서 이순신을 당시의 전선을 새롭게 개장하여 거북선을 건조하고 그 운용을 시험하였다.[23)] 거북선은 앞에서는 용머리를 만들어 붙이고, 그 아가리로 대포를 쏘며, 등에는 쇠못을 꽂아 적병이 접근하지 못하게 했다. 안에서는 밖을 내다 볼 수 있어도 밖에서는 안을 들여다 볼 수 없으며, 적의 전선이 아무리 많아도 뚫고 들어가서 좌우 측방으로 대포를 쏘도록 만들어 적으로 하여금 공포와 두려움의 존재가 되도록 했던 것이다.

거북선이라는 명칭을 가진 전선은 사실상 이순신보다 180여년 전에 1413년(태종13년) 왜구를 격퇴하기 위하여 건조된 바가 있었지만, 그 후 평화가 지속되면서 거북선의 자취가 없어지고 말았던 것을 다시금 이순신이 미래전을

4회를 쏜 기록이 있다. 이것을 보면 매주 1회 이상 활쏘기를 했다는 것이 된다.

23) 난중일기를 보면 임진년(1592년) 4월 12일, 말하자면 임진왜란시 일본이 부산포 앞바다에 들어 닥친 그날 하루 전에 "식사 후에 배를 타고 거북함의 지자포와 천자포를 쏘았다."고 기록되어있다. 또한 3월 27일 일기에도 이순신은 "거북선에서 대포 쏘는 것을 시험하였다"고 기록되어있다.

위한 창의력을 발휘하여 군관 나대용의 기술적인 도움으로 건조한 것이다. 실로 거북선은 당시 조정의 지시에 의하여 건조된 것도 아니고, 좌수영에 있었던 것도 아니었던 것이다.

거북선은 적을 만나 싸울 때는 등에는 거적으로 송곳과 칼위를 덮고 선봉이 되어 나갔다. 적이 배에 올라 덤비려 들다가는 칼날과 송곳 끝에 찔려서 거꾸러지고, 또 에워싸고 엄습하려 하면 좌우 전후에서 일시에 총을 쏘니, 적선이 바다를 덮어 모여 들어도 이 배(거북선)는 그 속을 마음대로 드나들며 가는 곳 마다 쓰러지지 않는 놈이 없었기 때문에 전후 크고 작은 해전에 이것으로서 항상 승리를 하였다고 하였다. 이순신이 활용한 거북선은 돌격선의 역할을 하였고 임진왜란 때 건조 사용한 척수는 3척 정도에 지나지 않았다고 하지만 당시 해상전투에서 거북선의 출현은 공포적인 존재였음에 틀림없다.[24]

24) 제1차 세계대전시 영국은 서부전선의 솜므(somme)전투에서 전혀 새로운 돌파용 무기로서 최초로 전차(TANK)를 사용하였다. 이 전투에 실제 쓰인 것은 18대에 불과했으나 독일 병사들은 이 괴물을 보고 경악을 금치 못하였다고 했다. 임진왜란 당시 해전의 규모를 볼 때, 3척의 거북선이란 것은 대단한 충격력과 돌파력, 그리고 심리적 공포를 줄 수 있는 무기체제였다.

II. 임진왜란의 발발과 구국의 길

1. 임진왜란의 발발과 출전준비

1592년 3월 조선에 대한 모든 출병준비를 끝낸 「도요토미 히데요시」는 20여만명의 육군과 9,000여명의 수군을 몇 개의 진으로 나누어 출동령을 내렸다. 4월 13일 아침 제1진 18,000여명이 선봉으로 쓰시마에 집결하여 부산으로 향하였다.[25] 그 날도 늦은 오후 부산 외항에 도착한 그들은 해상에서 휴식을 취한 후 다음날 4월 14일 아침부터 부산성을 공격하였다. 당시 부산진 첨사 정발과 동래부사 송상현은 미약한 병력으로 끝까지 싸웠으나 왜군을 저지하지 못했고, 4월 17일에는 기장과 양산이 점령되고 뒤이어 상륙한 왜군 2진은 언양, 김해, 경주, 창원 등지를 검거하면서 북상하기 시작했다.

왜군의 침입에 대한 급보를 받은 조정은 4월 17일에야 중신회의를 열고 긴급대책을 강구한다고 하였지만 그동안 제대로 전정에 대비한 것도 없이 급조된 조선군은 제대로 동원도 되지 않았다. 이에 비하여 왜군은 전국시대

25) 임진왜란은 일본군이 1592년 4월 13일 부산 앞바다에 모습을 드러냄으로써 막이 올랐다. 이 후 일본군은 파죽지세로 북상하여 5월 3일 도성인 서울을 함락하였다. 당시 제1군 고니시 유끼나가는 평안도를, 제2군 가또오 기요마사는 함경도를 각각 담당하여 북상하였다. 이원균, 위의 책, p.236.

기간 동안 많은 전쟁을 치렀고 철저한 침공계획과 준비를 했을 뿐만 아니라, 조총이라는 신무기를 장비하고 있었다. 조선은 이일이 지휘하는 중도군이 4월 24일 상주에서 대패하고, 신립이 지휘하는 조선군 주력이 4월 28일 충주에서 섬멸 당하자, 국왕은 의주로 피난을 떠나는 신세가 되고 말았다. 이어서 왜군들은 5월 3일 서울에 입성하였고 6월 13일 평양을 점령하였다. 불과 2개월 만에 대부분의 조선국토가 왜군에 의해 점령되고 말았다.

한편 해상에 있어서는 왜군의 수군들이 쓰시마와 부산간의 해상경비를 담당하면서 서해를 거쳐 대동강으로 진출하여 육군과 합류하면서 해상으로의 병참지원을 수행하려 하였다. 그러나 경상도 해역을 담당하던 조선 수군은 왜군의 세력이 너무 큰 것을 보고 놀라서 대적도 하지 못하고 육상으로 도주하거나 일부는 고군분투하다 전사하고 말았다. 당시 경상 우수사 원균과 경상 좌수사 박홍은 `1만여 명의 수군과 100여척의 전선을 갖고도 제대로 싸워보지도 못하고 흩어지고 스스로 침몰시켜 버림으로써 초전의 전국에 아무런 역할도 하지 못했던 것이다.[26)]

---

26) 임진왜란 개전초 경상도 수군의 동향과 일본 수군의 동향을 살펴보면, 경상 좌수사 박홍은 임란이 발발하자 본영을 포기하고 후퇴를 거듭하다가 서울까지 쫓겨 갔고, 예하 장수들도 전투를 포기하고 도주하거나 각개 격파되었다. 경상 우수사 원균도 휘하 세력을 결집하여 함대를 구성하는데 실패하였다. 그는 본영 수비를 우후 우응진에게 맡기고 휘하 장수들과 전선 4척으로 출항하여 곤양까지 물러나 전라좌수사 이순신에게 구원을 요청

당시 경상 우수사 원균과 좌수사 박홍의 자세는 국가를 방위하는 고위 지휘관으로서 너무나 부끄럽고 얼굴을 들 수 없는 것이었다. 그들의 비겁함과 무능은 임진왜란 초기 전국에 중대한 영향을 미쳤다. 그들이 보유하고 있던 전선만도 적은 수가 아니었는데 단 한번이라도 조선 수군의 위세를 적에게 보였더라면, 왜군은 후방의 안전 때문에 그렇게 빨리 육상공격을 진행하지 못했을 것이다.[27]

한편 원균의 구원요청을 받고 이순신은 왜군의 침입에 대하여 즉각적인 조치를 취해 나갔다. 즉시 전선을 정비하고 출동태세를 갖추었으며, 이 사실을 조정에 상세히 보고하였다. 또한 전라 우수사 이억기와 관찰사 이광, 병마절도사 최원 등에게도 공문을 발송하여 대비토록 했다. 이순신은 자신의 심경 같아서는 경상도 해역으로 출전하고 싶었지만, 감정에 사로잡힌 군사행동은 위험하다는 것을 알고 있는 그는 분통을 억제하면서 조정에 다시금 장계를 올렸다.[28]

하였다. 일본군은 수군의 역할을 병력과 군수물자의 수송에 한정하였고, 해전을 통한 조선 수군의 섬멸은 처음부터 목표로 삼지 않았다. 이민웅, 「임진왜란 해전사」(서울: 청어람 미디어, 2004), pp.73~77.

27) 좌의정 유성룡은 "우수사 원균은 비록 수로는 멀다고 하지만 거느리고 있는 전선이 많았고, 왜군의 함선이 단 하루 동안에 총집결을 하지 않았으므로 단 한번이라도 조선 수군의 위세를 보이면서 응전을 하였더라면 왜군은 뒤를 염려하여 육상 공격을 지연시켰을 것이다. 한 번도 교전하지 않았다."고 논평하였다. 조성도, 위의 책, p.89.

28) 위의 책, p.90~92.

"같이 나아가 싸우라는 조정의 명령을 엎드려 기다리면서 소속 수군과 각처의 전선을 정비하고 대장의 명령을 기다리도록 하였으며, 감사와 병사에게도 의논을 하였습니다."라고 조정에 보고하였고, 원균의 요청에 대해서는 "우리가 각각 책임을 맡은 경계가 있는데, 조정의 명령이 아니고서 어떻게 임의로 경계를 넘을 수 있겠는가"하고 조정의 명령이 있을 때까지 일단 원균의 요청에 신중을 기하였던 것이다.[29]

당시의 사정이 급박하였고 조정의 명령만을 기다리고 좌시할 수만 없는 상황이었지만, 즉각적으로 출동하지 않은 이유는 왜군의 대군에 대응하는 데 다음과 같은 이유로 신중한 자세를 취하지 않을 수 없었던 것이다.[30] 아마 그 이유는 적에 관한 확실한 정보가 아직 부족했을 것이며, 경상도 수군의 전력이 소멸된 상태에서 전라도 수군은 그 임무가 더욱 막중하여졌으므로 부대 운용에 더욱 신중을 기해야 했으며, 적의 규모가 얼마인지 모르는 상황에서 아직 조정의 확실한 명령이나 지침을 받고 움직이고 싶었을 것이다.

4월 26일에 조정으로부터 "물길을 따라 적선을 격침하여 이미 상륙한 적으로 하여금 후방을 조심하게 하는 것

---

29) 조성도, 위의 책, p.92~93.

30) 이 후의 이순신 장군의 출전준비는 위의 책, pp.94~104 내용을 참조하여 기술한 것임.

이 가장 좋은 방책이다. …경상도와 상의하여 기회를 보아서 조치하도록 하라"는 내용의 지시를 받았으며, 이어서 27일에는 원균과 합세하여 적을 격파하되 만약의 우발상황에 직면하면 반드시 이에 구애되지 말고 알아서 조치하라는 내용의 유시를 받았다. 이것은 이순신으로 하여금 관할지역 밖의 출동을 허가함과 동시에 작전지휘의 독단권을 부여한 것이었다.

이에 이순신은 먼저 도내의 군사 지휘권을 갖고 있는 관찰사, 방어사, 병사 등에게 유시의 내용을 알리는 한편, 경상도의 순변사, 관찰사 및 우수사 원균 등에게는 작전과 관련하여 필요한 사항들, (1) 경상도 연해안의 수로에 관한 문의, (2) 전라도와 경상도 수군이 집결할 장소, (3) 적선의 척수 및 정박지, (4) 기타 작전에 관련되는 사항들을 급히 회답할 것을 요청하였다.

국가의 운명을 건 최초의 일전을 위하여 보다 많은 전선이 필요하다고 판단한 그는 각 관포의 전구를 다시 한 번 정비하여 명령을 기다리게 하고, 또한 소속 5개진(방답, 사도, 여도, 발포, 녹도)의 전선만으로는 약세하므로 수군이 편성되어 있는 순천, 광양, 낙양 및 보성 등 5개 관포에도 통고하여 4월 29일까지 여수 앞바다로 집결하도록 하였으며, 뒤이어 우수사 이억기에게도 공문을 발송하여 '전라 좌우도 수군'의 통합 작전을 약속하였다.

한편 매사에 치밀한 이순신은 마음속으로 4월 30일 출전할 것을 결심하고 있었으나, 함대 행동을 은폐하기 위하여 이 출전일은 극비로 하였다. 만약의 경우 29일까지 원균과 이억기 수사로부터 아무런 회신이 없을 때의 대책을 강구하는가 하면 한 번도 가보지 못한 경상도의 해로에 대한 보다 안전한 항해를 위하여 29일 새벽에는 경상도 관할 지역인 남해군의 미조항, 상주포, 곡포, 평산포 등 4개처에 순천 수군 이언호를 비밀리에 파견하여 그 곳의 현령, 첨사, 만호 등이 중로까지 나와서 물길을 안내하도록 조치하였다.

그러나 그때까지도 이순신은 사실상 완전한 출전태세를 갖추지 못하였다. 보성 및 녹도 등지는 거리관계로 전선과 군병들이 모두 집결하지 않고 있었으며, 이미 들어온 대부분의 군병들도 경상도 등지의 출전에 대한 참된 뜻을 모르고 있었다. 이러한 실정을 파악한 이순신은 우선 전선이 모두 집결할 동안, 부하들의 전의를 북돋우고 경상도 등지의 출전에 대한 작전의 의의를 설파시키는 노력을 경주하면서, 출전태세에 만전을 기하고 있었다.

그러나 4월 30일의 출전을 연기해야만 하는 중대한 사유가 발생하였다. 그는 이날 오후 남해안에서 돌아온 순천 수군 이언호로부터, "남해현 내의 관청과 민가는 모두 비었으며, 창고와 무기도 지키는 사람이 없고… 현령 및 첨사도 모두 도망하고 없습니다…"라는 예상하지 못했던 보고를 받았던 것이다. 이러한 사실은 그 때까지 남해 등지만은 안전할 것으로 믿고 여러 가지 계획을 세웠던 그에게 커다란 충격을 준 것이었다. 이언호의 보고가 사실이라면 경상도의 수군이 모두 자취를 감춘 것이므로 30척도 못되는 약세한 전선으로 단독 출전한다는 것은 위험할 뿐만 아니라 물길을 인도하는 전선도 없고, 그곳 작전을 논의할 사람도 없으므로 언제 어떠한 큰 변을 당하게 될지 모르는 일이었다.

이리하여 이순신은 '위급할 때일수록 침착하여야 한다.'는 것을 되새기면서 예정 출전일을 연기하였다. 출전을 연기한 이순신은 나라의 앞날을 통탄하면서 다시금 심복 부하 송한련을 남해 방면으로 파견하여 만약, 이언호의 보고와 같다면 그 곳에 있는 곡식과 무기 등은 왜군들이 이용할 가능성이 있으므로 이를 모두 소각하도록 하는 한편, 우수사 이억기 함대가 도착하기까지 시간적 여유가 있으므로 다시금 출전 장령들과 앞으로의 작전을 숙의하였다. 그런데, 이억기 함대를 기다리면서 출전 장령들의 전의를 북돋운 이순신은 5월 2일 남해 등지의 정찰을 마치고 돌아온 송한련으로부터, "남해 현감과 미조항 첨사, 상주포, 곡포 및 평산포 만호들은 무기와 물자를 버리고 도망하여 남은 것이 없습니다." 라는 실정을 재확인하고 이날까지 이억기 함대의 소식이 전혀 없음에도 불구하고 또 자신의 출전계획을 연기할 수 없었다. 그는 남해의 실정과 전선의 약세함이 출전에 커다란 문제가 있다는 것을 알고 있었지만 그보다도 '상륙한 왜군이 곧 서울을 침범한다' 는 소식을 접하였던 까닭에 빨리 이들의 해상로를 차단하여 이미 상륙한 왜군의 진로를 견제하기 위해서 전라 좌수영 수군만의 출전을 결정하였다.

한편, 출전일을 하루 앞둔 5월 3일에는 새로운 사건, 즉 여도 수군 황옥천이 집으로 도망간 사건이 발생하였다. 출전한다는 어수선한 분위기 속에서 일부 군사들의 심정이 바로 황옥천의 행동으로 나타난 것이었다. 이순신은 한 사람이라도 더 많은 인원을 확보해야만 했지만, 그보다도 어수선한 군심을 진정시켜야 한다고 결심하였다. 그는 군율(軍律)에 따라 황옥천을 잡아서 목을 베고 도망하는 자는 이와 같이 처형된다는 것을 알렸던 것이다. 그는 7년 동안의 전쟁 중에 부하를 내 몸같이 아끼며, 두터운 사랑을 베풀면서도 군율 앞에서는 엄한 지휘관이었으며, 부하로부터 존경을 받는 상관이었던 것이다.

임진왜란 초기상황

임진왜란은 조선이 1392년에 건국된 지 꼭 200년 만인 1592년(선조 25년) 4월부터 1598년 11월까지 장장 7년간 계속된 전쟁이었다. 이 전쟁은 태조 이성계가 조선을 세운 이후 처음 맞는 대규모 전쟁이었으며, 백성들이 이제까지 전혀 경험하지 못한 참혹한 국제전쟁이었다.

이 전쟁은 오랜 전국시대를 거쳐 일본 천하를 통일

한 「도요토미 히데요시」가 '가도입명'즉, '명나라를 칠 테니 길을 빌려 달라'는 명분아닌 명분을 내세워 조선을 침략한 전쟁이었다. 당시 조선은 200년 간의 평화 속에서 국방태세는 유명무실화되어 일본군의 침략에 연전연패하였다. 특히 조총이라는 신무기로 무장한 일분군에 훈련받지 않은 농민군 위주의 조선육군은 제대로 싸워보지도 못하고 도망하기에 바빴던 것이다.

그러나 일방적인 전쟁 양상은 오래지 않아 전혀 다른 방향으로 전개되었다. 초전의 경상도 수군과 조선육군은 패전을 거듭했지만, 전라 좌수사 이순신 장군이 지휘하는 조선 수군은 노량해전으로부터 시작하여 한산도 해전, 부산포 해전을 통하여 일본 수군을 격파함으로써 남해안의 제해권을 확보함으로써 적의 후방병참선을 위협하였고, 전국적으로 일어난 의병들의 활동은 적의 육상작전 수행을 어렵게 만들었다. 더구나 조선 정부의 요청으로 명군이 참전함으로써 전세는 역전되기 시작하였다.

※ 참조 : 이민웅, 위의 책, pp.16~18.

2. 제1차 해전 : 옥포 해전

출전에 앞서 치밀한 계획과 사전준비를 갖춘 이순신 장군은 5월 4일 축시(새벽 1시에서 2시 사이)에 판옥선 24척과 협선 15척, 포작선(소형 쾌속선) 46척을 이끌고 여수항을 출발하였다. 이순신 함대는 5월 6일 아침에 당포 앞바다에 도착하여 경상 우수사 원균과 옥포 만호 이운룡이 끌고 온 4척의 판옥선과 2척의 협선을 편입하여 연합함대를 구성하였다. 지금부터 이순신 장군은 전라 좌수군과 경상 우수군을 통합한 91척(판옥선 28척, 협선 17척, 포작선 46척)의 연합함대를 이끌고 일본 수군을 찾아 나서게 되었다.

이순신 연합함대가 거제도 남단을 돌아 가덕도 방향으로 항진하던 7일 아침, 척후선으로부터 옥포 앞바다에 일본군 선단이 있다는 보고를 받고, 옥포로 진로를 바꾸었다. 당시 옥포에는 일본 수군 50여척이 민가에서 노략질한 재물을 싣고 있었다. 이순신은 옥포 만호 이운용을 선봉으로 기습적인 공격을 실시함으로써 일본 수군과 최초의 전투에서 적함선 26척을 격침시키는 대전과를 획득하였다. 이어서 이순신 함대는 거제도 주변해역을 수색하면서 추가적인 전과를 거두게 됨으로써 5월 5일부터 9일가지 실시된 제1차 출전에서 적함선 총 42척을 격침시키는 성과를 거두었다.

이순신 장군의 옥포 해전 승리는 그 동안 육전에서 연전연패하여 전의를 상실하고 낙심하던 조선 조정에게 기대와 희망을 안겨주었고, 왜군과의 최초의 전투에서 승리한 조선 수군들에게 앞으로 싸워 이길 수 있다는 자신감을 안겨 주었던 것이다.[31] 그러한 의미에서 제1차 해전인

---

31) 군대가 전장으로 나아가 적과 싸울 때, 최초의 전투는 매우 중요하다. 1789년 시작된 프랑스 혁명당시, 제1차 대불동맹의 어려

옥포해전은 중요한 의미를 갖는 것이다. 조정은 이순신 장군이 올린 장계에 따라 장병의 전공을 포상하고 이순신 장군은 가선대부(종2품)으로 승진시켜 그 전공을 치하 하였다.

3. 제2차 해전 : 사천, 당포, 당항포 해전

서해안으로의 진출을 계속 시도하는 일본 수군이 사천, 곤양 일대까지 침입하자, 이순신은 전라 우수사 이억기와 합류하여 경상도 남해안 일대의 일본 수군을 격퇴하기로 결심하였다. 이순신은 2차 출전에 그가 창안하여 건조한 거북선 3척을 이끌고 나갔다. 5월 29일 이순신은 거북선을 포함한 전라 좌수영의 함선 23척을 이끌고 노량으로 나아가 전선 3척을 갖고 있던 원균과 합류한 후, 사천과 당포에서 발견된 적선 13척과 21척을 격침시키고, 6월 4일 전라 우수군(전함 25척)과 합류하여 50여척의 함대를 구성하였다.

6월 5일 아침 고성의 당항포에 일본군 함선들이 정박해 있다는 정보를 입수한 이순신 장군은 먼저 척후선을 파견

운 상황에서 프랑스는 나폴레옹을 이탈리아 방면군 사령관으로 임명하였고, 나폴레옹은 프랑스의 운명을 건 초기 이탈리아 전역에서 승리함으로써 이 전역에서 위대한 장군으로서의 능력을 보여 주었고, 프랑스 국민과 장병들에게 용기와 희망을 안겨 주었다. 육군사관학교 전사학과, 「세계전쟁사」(서울: 황금알, 2004), p.98.

하고 4척의 전함을 해협 입구에 배치한 후 함대를 당항포로 진입시켰다. 적의 규모는 총 26척이었고, 이순신 함대가 진입하자 일제히 조총을 사격하며 응전태세를 갖추었다. 이순신은 일본군이 전세가 불리하면 육지로 상륙하여 양민을 괴롭힐 것이라 판단하고 일본 함대를 포구 밖으로 유인하여 격멸하기로 하였다. 조선 수군에 의해 유인된 일본 함대가 포구 밖으로 나오자 신속히 진형을 바꾸어 포위망을 형성하고 거북선을 출격시켜 적선 26척을 모두 격침 시켰다.

당항포 해전에서 통쾌한 승리를 거둔 조선 수군은 6월 7일 고성 앞바다와 인근 해역을 수색하던 중, 거제도 인근 해역에서 적선 7척을 격침시키고, 진해, 웅천 일원의 해역까지 수색작전을 계속하다 6월 10일 남해 미조항에 도착하여 작전을 종결시켰다. 조선 수군은 5월 29일부터 6월 10일가지의 제2차 출전에서 네 차례의 해전을 치루면서 적선 72척을 격침시키는 전과를 거두었다. 그러나 조선 수군은 한척의 함정도 피해를 입지 않았고, 병사 14명이 전사하고 36명이 부상을 당하는 정도였다.[32] 그리고 이번 출전에서 처음 출전한 거북선 3척은 눈부신 활약으로 그 위력을 증명하였다.

---

32) 선조는 이번 출전의 공로를 치하하여 이순신 장군을 자헌대부(정2품)로 승진시켰다. 이제 이순신 장군이 이끄는 조선 수군은 승전보를 올리는 유일한 관군이 되었다. 온창일, 「한민족 전쟁사」(서울: 집문당, 2001), p.314.

4. 제3차 해전 : 한산도 해전

육전에서 연전연승하던 일본군은 수전에서 연전연패를 기록함으로써 전쟁수행에 차질을 가져오지 않을 수 없게 되자, 일본의 「도요토미 히데요시」는 일본 수군을 질책하면서 조선 수군의 격멸에 총력을 집중하도록 하였다. 이제 일본 수군은 전력을 집중하여 조선 수군을 격멸할 계획을 세우며 남해안에서의 활동을 증가시켰다. 이순신 장군은 이러한 일본 수군의 움직임에 대하여 전라 우수사 이억기와 협의하여, 세 번째 출전을 준비하였다. 조선 수군의 연합함대는 이순신의 40척, 이억기의 25척 원균의 7척으로 편성된 72척의 선단으로 이순신 장군이 지휘하였다.

5월 7일 저녁, 조선 수군의 연합함대가 당포에 도착하자, 주민들로부터 70여척의 적선이 견내량에 정박해 있다는 제보를 받고 이 정보가 사실이라는 것을 확인하고 결전태세를 준비하였다. 당시 견내량에 정박하고 있던 일본 함정들은 「와키사까」가 지휘하는 함대였는데, 「와키사까」는 당시 일본에서 명성을 날리고 있던 수군의 장수로서 조선 수군을 격멸하라는 「도요토미 히데요시」의 질책성 지시를 받고 나왔던 것이다. 「와키사까」는 자신의 함대만으로 조선 수군을 이길 수 있다고 판단하고, 일본 수군의 추가 전력이 도착하기 전인 7월 6일, 자신의 72척 함대만을 이끌고 견내량에 도착하였던 것이다.

이순신이 지휘하는 조선 수군은 7월 8일 아침, 한산도 서쪽의 해로를 따라 북상하여 견내량으로 향하였다. 이순신은 견내량이 포구가 좁고 암초가 많아 수심이 깊고 기동공간이 넓은 한산도 앞바다로 적을 유인하여 섬멸하기로 하였다. 판옥선이나 거북선이 활동하기에 좋고 나중에 적이 도주하더라도 한산도는 무인도나 다름없어 민간이 피해 우려도 없고 도주한 적도 자멸할 것이기 때문이었다. 이순신이 파견한 수척의 판옥선에 유인된 일본군의 함대가 한산도 앞바다에 이르자, 이순신은 학익직으로 적을 포위하여 적을 격멸하였다.[33]

학익진을 편 조선 함대는 일본 함대를 완전히 포위한 다음에 총통으로 일본 함정을 격파하고 거북선을 선봉에서 적진 속으로 뛰어들어 좌충우돌 하며 적선을 파괴하였다. 이렇게 하여 조선 수군은 한산도 해전에서 일본 수군의 주력을 격파하고, 결정적인 승리를 거두었다. 조선 수군의 포위에 든 적선 50여척은 모두 격침되었으며 겨우 살아남은 일부 왜군들은 배를 버리고 한산도로 도피하거나 자결하였고, 적장「와키사까」는 구사일생으로 탈출하여 김해성으로 도망하였다.

33) 학익진은 학이 날개를 양 옆으로 펴고 춤을 추는 형상을 띤 진행(陣形)이다. 이 형태는 일본 수군의 함대를 양손으로 감싸서 포위한 것과 같은 진형으로 화력을 최대한 적에게 집중할 수 있는 장점을 갖고 있으나, 적의 돌파시에는 양분될 위험도 있다.

한산도 해전으로 왜선 66척을 격침시키고 일방적인 승리를 거둔 조선 함대는 7월 8일 밤을 견내량에서 보내고 9일 낮에 가덕도로 항진하며 적정을 수집하던 중, 안골포에 일본 전함이 정박해 있다는 정보를 접하고, 이들은 격파하기 위해 안골포로 이동하였다. 이순신은 안골포의 포구가 협소하고 간조시 수심이 매우 얕기 때문에 적선을 밖으로 유인하여 격파하려 했으나, 적이 말려들지 않자, 조선 수군을 몇 개의 제대로 편성하여 일본 함선을 교대로 공격하는 '치고 빠지는(hit and run)'식의 타격전법으로 왜선 20여척을 추가로 격파하였다.

조선 수군은 제3차 해전에 해당하는 한산도와 안골포 해전에서 적선 76척을 격침시켜 일본 수군의 주력을 거의 섬멸함으로써 남해에서의 제해권을 확보하게 되었다. 이렇게 됨으로써 일본의 수륙병진전략은 좌절되었고, 평양까지 진출했던 일본 육군은 더 이상 전진하기 어렵게 되었다. 또한 조선은 전라, 충청도와 함께 황해, 평안도 해안지방을 보전할 수 있게 되었고, 중국도 요동과 산둥 반도 지방이 위협을 받지 않게 되었다. 이 모두가 이순신 장군의 한산도 해전 승리에서 얻어진 것이다.[34)]

---

34) 한산도 해전의 승전보가 조정에 전해지자, 선조는 이순신을 정헌대부(정2품)로 이억기와 원균은 가선대부(종2품)로 승진시켰다. 그리고 유성룡은 훗날 징비록에서 한산도 해전을 극찬하며 그 성과를 높이 평가하였다. 이와 대조적으로 한산도 해전의 패전 소식을 들은 「도요토미 히데요시」는 대노하여 일본 수군 지휘관 「와키사카」를 질책하면서 일본 수군에게 해전을 중지하

5. 제4차 해전 : 부산포 해전

한산도 해전에서의 패전 이후에 왜군의 조선점령전략에 커다란 변화가 생겼다. 원래 수군은 남해와 서해를 통하여 해안 거점을 확보하면서 호남과 충청지방을 확보하는 것은 물론, 해로를 통해 육군의 병참문제를 지원하려고 했으나, 해상으로의 우회가 제해권 상실로 불가능하게 된 것이다. 이에 왜군은 육상으로의 조선 서남부지역 진입과 점령을 시도하게 되었고, 한성으로부터 남하한 일본 육군은 전라도 진입의 관문인 진주성 공격에 필요한 병력과 약탈한 물자를 낙동강 수로로 부산으로 이동시켰다.

이러한 일본군의 움직임은 조선측에서 볼 때 왜군이 퇴각을 준비하는 것으로 인식될 수도 있었다. 당시 경상 감사 김수도 이러한 적의 동태를 왜군의 퇴각으로 판단하고 이순신 장군에게 이를 통보하였다. 이순신은 이 통보를 받고 전라 우수사 이억기와 협의하여 왜군의 해상 퇴로를 차단하기로 하였다. 1592년 8월 24일 전라 좌·우수군은 여수항을 출항하여 25일 원균과 합세하였다. 당시 조선 수군의 연합함대는 판옥선 74척, 협선 92척 등 총 166척의 대함대가 되어 9월 1일 새벽 가덕도를 거쳐 부산포로 진출하였다.

고 거제도에 성을 쌓아 이를 굳게 지키라는 명령을 내렸다. 위의 책, pp.317~319.

당시 부산포에는 400여척의 일본 함선이 정박하고 있었으며, 병력 다수가 해안선을 따라 진지를 구축하고 있었다. 이에 이순신과 수사들은 적선의 수가 많기 때문에 적선이 전투 준비를 갖추기 전에 연속적인 기습타격을 가하여 적선을 격파하기로 하였다. 그리하여 170여척의 전 함대를 장사진으로 전개시켜 종대대형으로 포구에 돌진하여 적선을 격파하자, 미처 전투준비를 갖추지 못한 일본수군은 배를 버리고 육지로 올라가 육군 병력과 함께 조총과 활을 쏘며 대항하였다. 조선 수군은 화공을 실시하여 적선 100여척을 태우고, 9월 2일 본영으로 개선하였다.[35]

임진왜란 초기전쟁 이후 상황

임진왜란은 1년 남짓한 초기 전쟁을 치른 후, 세 나라는 모두 더 이상의 전쟁이 불가능할 정도로 피폐한 상황을 맞게 되었다. 이러한 상황 때문에 강화교섭은 양측의 입장차이가 컸음에도 불구하고 4년 남짓 지속되었다. 이 시기에 명군은 대부분 철군한 상황이었고, 일본군은 남해안의 요지 곳곳에 왜성을 축조하고 주둔 중이었다. 전쟁의 피해를 가장 크게 입은 조선으로서는 의도하는 복수전을 벌일 수 있는 어려운 상황이 계

35) 불의의 기습을 받아 100여척의 함선을 잃어버린 일본수군은 그 활동이 더욱 위축되었다. 그리하여 이에 일본수군은 조선 수군과의 접전을 회피하면서 부산포의 기지보호와 본국과 부산 간의 병참선 유지에 급급하였다. 위의 책, pp.319~210.

속되고 있었다.

그러던 중 1596년 가을 무렵에 강화협상은 결렬되었다. 이 협상의 결렬은 일본의 재침, 즉 정유왜란의 신호탄이 되었다. 임진왜란 초기의 뼈저린 실패를 경험한 일본군은 전황을 유리하게 하기 위해 강화 교섭기 동안 전라도 지방의 침입과 조선 수군 격파를 목표로 삼았다. 따라서 정유년에 다시 시작된 해상에서의 전쟁은 이전과는 달리 그 규모와 성격이 크게 달라졌다. 더구나 일본은 재침전에 이순신 장군을 제거하기 위한 모략전을 전개하여 이순신을 수군 통제사에 축출하는데 성공하였다.

재침과 동시에 벌어진 칠전량 해전에서 조선 수군은 이순신 장군이 적의 모략으로 삼군 수군 통제사에서 파직된 상태에서 전멸에 가까운 패배를 당하였다. 이 해전의 승리로 일본군은 해상에서의 위협이 제거됨으로써 손쉽게 전라도를 점령하고 경기지역까지 진출 할 수 있었다. 그러나 다급했던 조정이 이순신 장군을 다시 삼군 수군통제사로 복귀시킴으로써 조선 수군은 최악의 상황을 극복하고 명량 해전에서 승리하고 노량 해전에서 결정적 승리를 거두고 임진왜란을 마무리 지었다.

※ 참조 : 이민웅,위의 책, p.18.

6. 이순신 장군의 백의종군과 명량해전

일본은 임전년 제1차 조선 침공에서 이순신 장군이 지휘하는 조선 수군의 제해권 장악함으로써 실패했다고 판단하고, 이순신 장군을 모함으로 제거하는 공작을 벌였다.[36] 그 결과 조정은 이 모함에 의해 이순신은 한양으로 호송되어 문초를 받게 되었고, 조선수군은 원균이 지휘토록 하였다. 이순신을 제거한 일본군은 조선 수군의 출병을 유도하여 칠천량 해전[37]에서 원균이 지휘하던 조선 수군

36) 정유재란시 다시 출정한 「고니시」는 이순신을 제기하기 위해 그의 부하 「요시라」를 경상 우병사 김응서의 진중으로 보내어 허위정보를 담은 밀서를 전달하게 하였다. 밀서의 내용은 "「고니시」는 이번 강화회담의 결렬이 「카토오」의 탓이므로 그를 미워하여 죽이려 하고 있다. 「카토오」가 1월 21일에 다시 일본으로부터 군사를 거느리고 올 것이니, 해상에서 요격하면 조선의 원수도 갚고 「고니시」의 마음도 쾌하리라"는 것이었다. 이 밀서는 분명히 「고니시」 등이 꾸민 간계였음에도 불구하고 김응서는 이를 중요한 첩보라고 믿고 도원수 권율에게 보고하였으며, 권율은 다시 조정에 보고하였다. 조정은 이러한 확인되지도 않은 정보를 그대로 믿고 이순신을 출동하도록 결정을 내리고, 권율로 하여금 이 명령을 전달하도록 했다. 이순신은 이것이 왜군의 간계인 것을 알면서도 일단 나라의 명령을 받아들이지 않을 수 없었으나, 매사에 치밀한 그는 즉각적으로 출전하지 않고 우선 척후선을 파견하여 철저한 수색정찰작전을 실시하였다. 이유는 적으로부터 세워지는 '토적계(討敵計)'는 원칙적으로 간계인 것으로 위험한 것이며, 만일 이를 믿고 해상으로 나갔다가 적의 계교에 빠져 기습을 당할 우려가 있기 때문이었다. 일이 이렇게 되자 「고니시」는 다시 「요시라」를 김응서에게 보내어 「카토오」가 이미 도착하였다는 사실과 "이순신이 천재일우의 기회를 놓쳤으니 원망스럽다"고 재차 모함하였다. 마침내 조정은 일본측의 간계와 모함에 넘어가 이순신 장군을 한성으로 압송하여 하옥시켰다. 조성도, 위의 책, pp.260-268.

을 일거에 섬멸하고 본격적인 제2차 침공을 진행하였다. 이에 다급한 조정은 이순신을 백의종군시키고 1587년 7월 22일 다시 통제사로 기용하였다.

이순신 장군은 다시 돌아왔으나 임진년 당시 막강했던 조선 수군은 전멸당하여 이제 겨우 12척의 전함을 수습한 초라한 모습이었다. 그래서 조정은 수군이 이제 와해되고 없으니 해전을 포기하고 육지에서 싸울 것을 명하였다. 그러나 이순신은 "신에게는 아직도 싸울 수 있는 배가 12척이나 있으니 죽을 각오로 싸우면 능히 승산이 있습니다. 전함의 수가 비록 적다고는 하나 신이 아직 죽지 않고 있으니, 왜적이 감히 우리를 가볍게 보지 못할 것입니다."라는 장계를 올려 해전 수행을 주장하였다. 조정도 이에 따를 수 밖에 없었다. 이순신은 이 12척의 전함으로 다시 조국을 구하러 나섰다.

칠천량 해전에서 조선 수군을 전멸시킨 일본 수군은 전라도 지역으로 진출하는 육군과의 작전공조를 위해 남해를 돌아 서해로 진출하려 하고 있었다. 일본 수군이 진도 남단으로 우회하지 않고 빠른 길로 서해로 나아가기 위해서 화원반도와 진도사이의 명량 수로를 통과하려 했다. 이순신은 바로 이 명량 수로를 13척의 전선으로 일본 수군

---

37) 원균의 무모하고도 무능한 지휘로 인하여 이순신이 건설한 불패의 조선수군은 정유년(1597년)7월 15일 칠천량 해전에서 전멸당하고 말았다. 다만 12척의 전선만이 탈출하였다.

의 대함대를 맞이하여 싸우기를 결심했다.[38] 이 수로는 좁고 조수간만시 유속이 빠르며 암초가 많아 대규모 선단이 통과하기 부적합한 점을 이용하기로 한 것이다.

일본 수군이 서해로 진출하기 위해 해남반도의 남단 어난포에 진출하자 이순신은 9월 15일 진영을 벽파진에서 명량 수로 서쪽의 전라 우수영으로 이동하고 9월 16일 아침, 130여척의 일본 수군을 맞이하여 싸울 준비를 하였다. 밀물을 타고 일본 수군이 종대로 통과하려 하자, 이순신은 선두에 서서 13척의 배로 일본군의 선두 전함을 필사적으로 공격하여 먼저 적의 선두 제대 31척을 격침시켰고, 혼란 속에 도망가는 나머지 적선들도 차례로 격파하여 130여척의 일본군 대선단을 격퇴시켰다.[39]

---

38) 명량(울돌목)은 진도와 화원반도 사이의 해협으로 수로의 길이가 약 2km이고, 가장 좁은 목은 폭이 약 300m이며 수심이 얕은 곳이 약 1.9m에 불과하다. 이곳은 암초가 많고 조류의 속도가 매우 빠르다. 그래서 현지 주민들은 이곳을 10리 밖에서도 물길이 우는 소리(소용돌이 소리)를 듣는다고 해서 명량이라 불렀고, 목구멍 '울대'의 사투리로 '울두목'이라고도 불렀다. 이러한 지형은 병법상으로 보면 사지(死地)에 해당한다. 이순신은 울돌목의 사지를 등 뒤에 두지 않고 오히려 적의 등 뒤에 위치하도록 한 것이다. 이순신은 이미 이것을 생각하고 있었다고 보아야 한다. 그리고 압도적으로 많은 일본 수군이 한꺼번에 덤비지 못하도록 좁은 수로를 선택한 것이다. 이런 깊은 생각으로 이순신은 우수영으로 진을 옮기고 한척의 배를 더 추가하여 13척의 전선으로 해전에 임하였다. 노병천, 「이순신」(서울: 양서각 , 2005). pp.190~193.

39) 1597년 조선에 다시 침공하여 경상, 전라, 충청, 경기지방을 장악하려던 일본군은 명량 해전의 패배와 육전에서의 직산전투의 패배로 전세가 꺾이기 시작했다. 특히 이순신이 지휘한 13척 조선수군의 기적 같은 승리로 일본군의 서해안 우회기도는 봉쇄

7. 마지막 해전 : 노량 해전

칠천량 해전의 승리로 시작된 정유재란은 명량에서의 극적인 반전을 거쳐 해를 넘기게 되었다. 그 이듬해 무술년(1598년) 11월 18~19일, 길고 긴 7년 전쟁의 대단원을 노량에서 맞이한다. 그런 까닭에 노량 해전은 역사적으로 매우 중요한 의의를 지닌다. 노량 해전이 지니는 많은 의의 가운데 처음이자 마지막으로 조·명 연합함대가 함께 전투에 임한 해전이라는 점,[40] 그리고 이 전투가 7년 전란의 최후 결전이었다는데 더 큰 의의가 있는 것이다.

1598년 8월 17일「도요토미 히데요시」가 사망하자, 그의 유언에 따라 왜군들은 철군을 위해 대부분의 병력을 울산, 부산, 사천 및 순천 등지로 집결하면서 일부에서는 그들의 철수를 비밀히 하려고 일부러 성을 쌓는 등 매우 당황하고 있었다. 이러한 왜군의 동향에 대하여 육상에서는 반신반의하여 본격적인 추격 작전을 전개하지 못하고 있었으나, 왜군이 철수한다는 소식은 이순신 장군도 듣고 있었

되었고, 더 이상의 북진은 사실상 불가능하게 되었다. 일본군의 수륙병진의 작전계획 자체를 무력화 시킨 결과이다. 온창일, 위의 책, pp.257~259.

40) 명나라는 정유재란 이전에 수군의 파병을 결정한 상태였다. 그런데 칠천량 해전에서 조선 수군이 패하고, 연이어 남원과 전주가 함락되자 이를 실행에 옮겼던 것이다. 명나라가 수군을 파병한 것은 칠천량 해전의 결과, 조선 수군이 패하면서 명나라가 걱정하게 된 곳은 요동이 아니라 일본 수군의 직접 공격이 가능한 천진과 등주 등 서부 해안지역이었다. 이민웅, 위의 책, pp.247~252.

다. 이순신 장군은 철수하는 왜군을 한명도 그대로 살려 보내지 않으려는 결심으로 결전을 준비하였다.

상황이 이렇게 되자 왜장 「고니시」[41]는 명나라 육군 장수 「유정」을 매수하여 무사히 철수하려 시도하였고, 나중에는 명나라 해군 제독 「진린」에게도 뇌물을 바치면서 무사 철수를 애걸하였다. 그러나 이순신 장군이 완강한 자세를 보이자 이순신에게도 뇌물 공세를 하였지만 통할 리 만무하였다. 결국 「고니시」의 무사 탈출 계획이 무산되자 남해 등지에 산재한 일본군에게 구원을 요청하는 방안 외에는 달리 방법이 없었다. 「고니시」는 「진린」 측의 묵인하에 소선 한척을 남해 쪽으로 보내 구원을 요청하였다.[42]

---

41) 「고니시 유키나가」(1558~1600)는 임진왜란시 제1군의 대장으로 조선을 침공했는데 이때 「히데요시」는 「고니시」를 견제하기 위해 「가토오 기요마사」를 공동 선봉장으로 붙여 하루씩 지휘권을 교대하도록 했다. 「고니시」는 조선의 지리를 잘 아는 포로를 시켜서 가토오의 부대가 서울에 입성하려면 반드시 거쳐야 할 한강에 있는 나룻배를 전부 떠내려 보내게 하여 1592년 6월 5일 동대문을 지나 제일 먼저 서울에 입성하는 공을 세웠다. 북상하여 6월 14일에 대동강을 도하하여 평양에 입성했다. 정유재란 당시에도 역시 「가토오」와 함께 선봉장으로 참전하게 되는데 이때는 충청도로 진군하다가 바로 남하하여 승주군 해룡면 신성리에 왜교성을 구축하고 주둔했다. 「히데요시」의 사망으로 철군하려다가 이순신에 의하여 갇히게 되었고 노량해전 이후에 겨우 탈출하여 일본으로 건너갔다.

42) 이순신 장군은 「고니시」가 남해 일워의 일본 수군을 총동원하여 조·명연합함대를 치게하고 그 틈을 이용하여 탈출하려고 한다는 것을 간파하고, 「진린」에게도 사태의 위험성을 알렸다. 「진린」도 그제서야 사태의 심각성에 놀라면서 이순신의 계획대로 행동하기로 약속했다. 11월 17일 일본군 진영에서 횃불신호가 올라가고 18일 저녁 6시경에는 무수한 왜선들이 노량

이 사실은 곧 이순신 장군에게 알려졌고, 그는 장수들을 모아 대책을 의논하였다. 논의 결과는 「고니시」의 요청대로 구원군이 오게 되면 앞뒤에서 협격을 받을 염려가 있으므로 먼저 구원군을 공격하기로 하고 노량 해협 근처로 함대를 이동시켰다. 과연 11월 18일 심야에 척후선으로부터 대규모 일본 선단이 노량 해협을 통과하여 이동하고 있다는 보고를 받은 이순신 장군은 19일 새벽 노량 앞바다에 집결하여 일본군 함대의 진로를 막았다. 이로써 임진왜란 7년 전쟁의 마지막 결전인 노량 해전이 시작된 것이다.

당시 일본측 함선은 500여척의 대규모 세력이었고, 이에 맞선 조·명 연합함대는 「진린」휘하의 명군 함대가 300여척이고 이순신 함대가 80여척이었다. 이 때 「진린」 함대는 노량 해협 좌측에 대기했고, 이순신 함대는 노량 해협 우측인 관음포 위쪽에 포진하고 있었다. 이렇게 노량 해전은 11월 19일 새벽 2시경 양측 함대가 노량 해구에서 조우하면서 시작되었다. 달빛도 없이 어두운 새벽 이렇게 시작된 해전은 조·명 연합함대가 북서풍을 이용하여 화공을 펼치면서 전세는 일본 함대에게 크게 불리하게 전개되었다.

조·명 연합함대의 화공에 큰 타격을 입은 일본 함대는

해역으로 집결하였다. 이들을 이순신이 예상한 바와 같이 노량과 왜교의 중간지점에 있는 조·명 연합함대를 협격하려는 것이었다.

전투를 계속하면서 퇴로를 찾아 남해도 연안을 따라 관음포 쪽으로 함대를 이동하였다. 당시 일본 함대는 관음포 포구 쪽을 외해로 빠져 나갈 수 있는 해로로 착각하고 포구 안으로 진입했던 것으로 추정된다. 그러나 19일 아침 날이 밝자, 그들이 관음포에 갇히게 된 것을 알고 일부는 남해도 육지로 상륙하여 도망치고 나머지 함대는 포구를 탈출하기 위해 죽기를 각오하고 싸울 수밖에 없게 되었다. 이와 같은 상황에서 노량 해전은 임진왜란 해전사상 가장 격렬한 전투양상으로 전개되었다.

격전 중 「진린」이 포위당해 위험에 처했을 때는 이순신 장군이 일본의 대장선을 공격하여 「진린」을 구출하고, 이순신 전선이 위험할 때는 「진린」이 구원하면서 전투는 혼전과 격전에 빠졌다. 이러한 격전 중에 이순신 장군은 일본군의 총탄을 맞고 말았다. 그러나 그는 "전투가 한창 급하니 나의 죽음을 알리지 말라"는 유언을 남기고 운명하였다. 유명을 받은 장자 회와 조카 완 등이 독전을 계속하여 전투를 끝까지 수행하였다고 한다. 결국 이 전투는 11월 19일 정오경에 조・명 연합함대의 대승으로 끝났다. 당시의 한 기록에 의하면, 도망하여 벗어난 적은 겨우 50여 척이었다고 한다.[43)]

---

43) 노량해전 상황은 이민웅의 「임진왜란 해전사」를 주로 참고하였음을 밝힌다. 노량해전에 관한 연구가 빈약한 상황에서 그래도 이 책에서는 당시의 상황을 고증적이고 생생하게 설명하고 있다.

이순신의 생애44)

1세(1545년) 3월 8일 서울 건천동(인현동1가)에서 덕수 이 씨(이정)의 셋째 아들로 태어나다.

21세(1565년) 보성군수 방진의 딸과 결혼하다.

28세(1572년) 훈련원 별과시험 중에 낙마하여 불합격하다.

32세(1576년) 2월, 식년 무과에 28명 중 12등으로 합격하다. 함경도 동구비보 권관(종9품)이 되다.

35세(1579년) 2월, 훈련원 봉사가 되다. 10월, 충청 병사의 군관이 되다.

36세(1580년) 발포의 수군 만호가 되다. 이때 처음으로 수군에 근무하다.

38세(1582년) 1월, 군기경차관 서익의 날조된 보고로 발포만호에서 파직당하다. 10월, 다시 복직되어 훈련원 봉사가 되다.

39세(1583년) 7월, 함경도 남병사의 군관이 되다.
10월, 건원보의 권관이 되다.
11월, 훈련원 참군으로 승진하다.

42세(1586년) 1월, 사복시의 주부(主簿)가 되다.
16일 후에 다시 함경도 조산보 만호가 되다.

43세(1587년) 8월, 녹둔도의 둔전관을 겸직하다. 이때 여진족

---

44) 노병천, 「이순신」, 위의 책, pp.334~336 내용참조.

의 공격을 물리쳤으나 병사 이일의 무고로 파직되어 백의종군하다. 겨울, 시전부락 정벌에 공을 세워 특사되다.

44세(1588년) 윤6월, 집에 돌아와서 쉬다.

45세(1589년) 조정의 불차탁용에 천거되어 2월에 전라순찰사 이광의 군관이 되다.

12월, 정읍 현감이 되다.

46세(1590년) 7월, 고사리진 병마첨절제사로 발령이 되고, 8월에 만포진 첨사로 발령이 되었으나 대간들의 반대에 부딪쳐 정읍 현감의 직책에 머물다.

47세(1591년) 2월, 진도 군수로 발령되었다가 가리포 첨사로 발령 중에 13일 전라 좌수사(정3품)가 되다.

48세(1592년) 4월 12일, 거북선 건조와 시험사격을 완료하다.

4월 13일, 임진왜란이 일어나다.

5월 7일, 옥포와 합포 해전을 하다.

5월 8일, 적진포 해전을 하다.

5월 29일, 사천 해전을 하다.

6월 2일, 당포 해전을 하다.

6월 5일, 당항포 해전을 하다.

6월 7일, 율포 해전을 하다.

7월 8일, 한산도(견내량) 해전을 하다.

7월 10일, 안골포 해전을 하다.

9월 1일, 부산포 해전을 하다.

49세(1593년) 2월 1일~8일, 웅천 해전을 하다.

7월 15일, 본영을 여수에서 한산도로 옮기다.
8월 1일, 삼도수군통제사로 임명되다.

50세(1594년) 3월 4일, 당항포 해전을 하다.
9월 29일, 곽재우와 김덕령과 수륙 합동으로 장문포 해전을 하다.
10월 1일, 영등포 해전을 하다.

53세(1597년) 2월 26일, 서울로 잡혀가다.
3월 4일, 투옥되다.
4월 1일, 감옥에서 석방되어 도원수 권율 휘하에서 백의종군하다.
7월 23일, 삼도수군통제사로 재임명되다.
9월 16일, 명량해전을 하다.

54세(1598년) 2월 17일, 진영을 고금도로 옮기다.
7월 16일, 명나라 수군제독 진린과 연합함대를 편성하다.
11월 19일 노량, 관음포 해전에서 전사하다.

사후 45년(1643년) 3월 28일, 인조 임금이 충무(忠武)시호를 내리다. 이때부터 이순신을 충무공(忠武公)이라 불렀다.

이순신의 어록[45)]

"대장부로 태어나서 나라에서 써주면 죽음으로써 충성을 다할 것이요, 써주지 않는다면 밭을 갈아도 족하리라"

(32세 때 무과에 급제한 후 처음 임지로 떠날 때 이런 마음으로 공직생활을 시작했다.)

"진급을 해야 할 사람이 진급을 하지 못하고 순서를 바꿔 아랫사람을 올리는 것은 옳지 못하다. 또한 규정도 고칠 수 없다"

(1579년 2월, 훈련원 봉사로 근무할 당시 그의 상관이었던 서익이 자기 친지 한사람을 진급시키기 위해 서열을 바꿔 서류를 꾸며달라는 압박을 받고 이순신이 답변한 내용이다.)

"벼슬길을 막나온 내가 어찌하여 권세 있는 집에 의탁해서 출세를 도모하겠는가"

(이순신의 명성이 높아지자 병조판서 김귀영이 자기의 딸(서녀)을 이순신에게 소실로 보내려 하자 답변한 내용이다.)

"이 오동나무는 나라의 것이다. 이것은 여러 해 동안 길러온 것이라 하루 아침에 잘라낼 수는 없다."

(이순신이 1580년 7월에 발포 만호로 근무하고 있을 때 직속상관이었던 성박이 사람을 시켜 편지를 보내

---

45) 위의 책, pp337~341.

뜰에 있는 오동나무를 베어 거문고를 만들고자 할 때 이순신이 답변한 내용이다.)

"죽고 사는 것은 천명이다. 죽게 되면 죽는 것이다."

(이순신이 1586년 조산보 만호로 있을 때 여진족의 습격이 있었다. 이때 용감하게 싸웠으나 중과부적으로 피해가 있었는데 직속상관이 이일의 모함으로 옥에 갇혔다. 어떤 이가 이순신을 걱정하자 이순신은 오히려 그를 위로했다.)

"가벼이 움직이지 말고 태산같이 무겁게 행동하라."

(1592년 5월 7일 이순신이 옥포 해전을 하면서 부하들에게 한 말이다.)

"한번 이겼다고 해서 가볍게 생각하지 말고, 위무하고 전선을 다시 정비해 두었다가 변보를 듣는 즉시로 출전하여 처음과 끝을 한결 같이 하라."

(1592년 6월 14일 당항포 해전에서 승리한 후에 보낸 장계의 내용에 있는 내용이다. 이겼다고 절대 교만하지 말고 항상 다음을 준비할 것을 말하고 있다.)

"이 몸이 죽지 않는 동안에는 감히 적이 범하지 못할 것이다."

(부산포 해전이 있을 즈음에 비상용 전투용 식량 1,3000섬을 준비하면서 한 말이다.)

"달빛은 배에 가득차고 온갖 근심이 가슴을 치민다. 홀로 앉아서 이 생각 저 생각을 하니 닭이 울어서야 어렴풋이 잠이 들었다."

(1593년 5월 13일, 나라 일 걱정에 잠 못 이루는 이순신의 모습이다.)

"작은 이익을 보고 들이쳤다가는 큰일을 이루지 못할 우려가 있으니 아직 가만히 두었다가 때를 보아 무찔러야 한다."

(1594년 2월 13일, 적이 춘원포에 들어왔을 때 원균이 성급하게 치려했는데 이를 말리면서 한 말이다.)

"이제 적을 그 상대하여 승패의 결단이 호흡에 걸려 있다. 장수된 자가 죽지 않았으니 누울 수가 있겠는가."

(1593년 3월 남해 연안에 유행병이 번졌을 때 이순신도 앓았다. 줄곧 19일 동안 몹시 앓으면서도 별도로 휴가를 내거나 쉬지 않았다.

"석자 칼로 하늘에 맹세하니 강산이 떨고, 한번 휘둘러 쓸어버리니 피가 강산을 물들이는도다."

(1594년 4월 한산도에서 이순신은 태구련과 이무생을 불러서 두 자루의 환도를 만들게 하고 그 칼 위에 이 글을 새겼다.)

"촛불을 밝히고 홀로 앉아 나라 일을 생각하니 나도 모르게 눈물이 흘렀다."

(1595년 1월 1일, 나라 일을 생각하면서 눈물을 흘렸던 이순신의 모습이다.)

"밤 세시가 되어도 조금도 눈을 붙이지 못하여 그 바람에 눈병이 생겼다."

(1597년 7월 21일, 삼도수군이 전멸하고 권율이 이순신에게 와서 대책을 물을 때 이순신은 그 후 잠을 자지 못하고 대책을 강구했다.)

"병법에 '죽고자 하면 살고 살려하면 죽는다.'고 했고, '한 사람이 길목을 지키면 천명도 두렵게 한다'는 말이 있는데 이는 모두 오늘 우리를 두고 하는 말이다."

(1597년 9월 15일, 명량 해전을 앞두고 결의에 찬 이순신의 말이다.)

"이 원수를 무찌를 수 있다면 지금 죽어도 한이 없겠다."

(1598년 11월 17일 밤, 이순신이 최후의 해전인 노량해전을 앞두고 배에 올라 하늘에 맹세한 말이다.)

"지금 싸움이 급하다. 내가 죽었다는 말을 하지 마라. 군사들을 놀라게 해서는 안 된다."

(1598년 11월 19일(양력 12월 26일), 이순신이 최후의 승리를 확인하고 관음포 앞에서 바다에서 적의 총탄에 맞아 숨지면서 한 말이다.)

Ⅲ. 충무공 이순신의 지도자적 자세

고대의 전쟁으로부터 지금가지의 역대의 모든 전쟁사를 돌이켜 보면, 대부분의 전쟁이나 전역 또는 전투는 지휘관의 리더쉽과 그 지휘에 의하여 그 승패가 결정되었다. 고대 마라톤 전투는 아테네의 「밀티아데스」 장군이 있었고, 칸나에 전투는 카르타고의 「한니발」, 고올 전역에서는 로마의 「카이사르」가 있었기 때문에 승리할 수 있었던 것이며, 프랑스 혁명 후 수차례의 대불동맹에 대항하여 프랑스가 계속 승리할 수 있었던 것도 「나폴레옹」이 있었기 때문이며, 당시 영불 해전에서 영국이 이긴 것도 영국의 「넬슨」 제독이 있었기 때문이었다.

1592년 미증유의 국란, 임진왜란을 맞이하여 조선을 구한 사람은 충무공 이순신 장군이다. 물론 수많은 애국충정의 의병과 명나라의 원군의 지원이 왜적을 구축하는데 커다란 공헌을 한 것은 사실이지만, 백척간두에 선 조선과 한민족을 구한 것은 충무공이 아니었다면 불가능했을 것이다. 그것은 우연의 결과가 아니라 충무공 이순신의 탁월한 전략적 안목과 어느 누구와도 비교할 수 없는 탁월한 리더쉽의 결과로 보아야 할 것이다.

1592년 임진왜란이 시작된 해로부터 이순신 장군의 마지막 해전인 1598년 노량 해전까지 약 7년간의 대일전의 전투행적을 보면, 총 13회를 출동하여 23번의 대소 전투를 치르는 동안, 적선 731척을 격파했고, 23척을 나포했으며, 일본 수군 수만 명을 수장시켰다. 그러나 이순신이 이끈 조선 수군은 단 두 척의 전선이 파괴되었고, 전사는 67명, 부상은 148명에 불과하였다면, 과연 누가 믿을 것인가? 이러한 놀라운 기록은 충무공 이순신의 탁월한 전략과 리더십의 결과로 보아야 할 것이다.[46]

이순신 장군의 지도자적 자세에서 우리가 본받고 배워 실천해야 할 것은 너무나 많아 헤아릴 수 없다. 이순신 장군은 군인으로서 갖추어야 할 덕목, 지(智)와 덕(德), 체(体)를 모두 갖추었고, 지신인용엄(智信仁勇嚴)을 두루 갖추어 부하를 대하고 부대를 관리하며 전쟁을 지휘했던 위대한 장군이었다. 그러나 그 중에서 우리가 더욱 눈여겨 보고 배워야 할 몇가지 지도자적 자세를 간추려 보면 다음의 몇가지를 우선 발견할 수 있을 것이다.

1. 상하 일체의 결속[47]

리더십의 출발은 상하의 마음이 하나가 되도록 하는데 있다.마음이 하나가 된다는 것은 「손자병법」 제1편 계

---

46) 위의 책, p.283.

47) 노병천은 그의 저서, 「이순신」에서 이것을 (하나되는 리더십)이라고 했다. 위의 책, pp.298~303.

편(計篇)에 나오는 '도(道)'의 경지를 이루는 것이다. 즉 '도'라는 것은 위사람과 아랫사람이 하나가 되어, 함께 죽고 살 수 있는 경지에 이르러 마음이 하나가 되는 것이다. 리더십의 최고의 경지는 바로 이러한 '도(道)'의 수준에 이르는 것이다. 삶과 죽음을 함께 할 수 있는 것, 이것은 리더십의 처음이요 마지막이다. 이순신은 인간적인 리더십을 완성시켰던 것이다.

이순신은 여러 사람의 의견에 귀를 기울였고, 조직내부의 결속과 단결을 유지하는 데 항상 정열을 쏟으면서 부대를 지휘했다. 허심탄회한 대화로 상하의 벽을 무너뜨리면서 최선의 결론을 도출하고자 노력했던 이순신의 그러한 자세는 부대의 단결을 공고히 함은 물론 싸우면 항상 이기는 부대상을 만들어 나갔다. 유성룡의 '징비록'을 살펴 보면 그러한 이순신의 모습을 잘 알 수 있다.

"순신이 한산도에 있을 때에 운주당이라는 집을 짓고, 밤낮을 그 안에 거처하면서 여러 장수들과 더불어 군사일을 논했는데, 비록 졸병이라 할지라도 말하려고 하는 자가 있으면 와서 말하는 것을 허락하여 군정을 통하게 했다. 또 전쟁을 하려고 할 때에는 매번 부하 장수들을 다 불러 모아서 계책을 물어 작전계획을 정한 뒤에 싸움을 결행했기 때문에 싸움에 패하는 일이 없었다."

여기에서 보듯이 이순신은 졸병을 비롯한 누구와도 대화를 했고, 또 어떤 일을 결행할 때에는 반드시 사전에 충분히 여러 사람의 의견을 듣고 신중에 신중을 기했다. 그렇기 때문에 류성룡이 언급한 바와 같이 '싸움에 패하는 일이 없었다'는 것이다.

오늘날 한산도에 가면 제승당이 있는데, 이 제승당이 바로 운주당이다. 운주라는 것은 '모든 계획을 세운다'는 의미다. 이순신은 운주당을 한산도 한 곳에만 설치하지 않았으며, 그가 오랫동안 머무는 곳이라면 어김없이 이를 설치하여 작전을 논했다. 한산도 해전이나 명량 해전 전일에 모두가 모여서 내일의 작전에 대해 진지한 토의를 했던 것은 평소 이순신이 행했던 열린 토의문화의 단면을 보여준 예다. 사람을 인정하고 칭찬하는 것 그리고 여러 사람의 지혜를 모으는 것, 이것이 이순신의 강점이요 리더십이었다.

「난중일기」에 보면 이순신은 수시로 술과 음식을 장만하여 부하들과 함께 즐겼다. 고생하는 부하들을 위로하여 한마음이 되도록 하는 조치인 것이다. 그의 일기에는 이런 기록이 많이 있는데 1595년 5월 5일자 「난중일기」에 보면 이런 기록이 있다.

"밤이 깊도록 이들로 하여금 즐겁게 마시고 뛰놀게 한 것은 내 스스로가 즐겁고자 한 것이 아니라 오랫동안 고생한 장병들의 노고를 풀어주고자 한 것이었다."

이렇게 이순신은 부하들을 진심으로 아껴주었기에 이들은 이순신을 충심으로 따랐다. 남자는 자신을 알아주는 자를 위해 목숨을 바치는 것이다. 인간에 대한 깊은 관심, 이것이 곧 이순신이 가지고 있었던 리더십의 핵심이었다.[48]

2. 부하들에 대한 관심과 배려

이순신은 부하들이 무엇을 원하고 있는지 잘 알았다. 그것은 자신의 발전과 출세의 기회를 얻는 과거 시험이었다. 그런데 서울과 멀리 떨어진 남해안 바다에서 어떻게 과거 시험을 칠 수 있겠는가. 그래서 똑똑한 인재들은 속으로만 고민하고 있었고 감히 말로 꺼낼 수 없었다. 그런데, 이순신은 이러한 부하들의 심정을 잘 알고 있었다. 그는 평소에는 부하들을 혹독하게 훈련시키고 전투에 임해서는 반드시 이기는 무서운 장수이기도 했지만, 부하들의 개인신상에 대해서는 매우 자상하게 관리해 주는 지휘관이었다. 이순신은 삼도수군통제사가 된지 3개월이 지난 1593년 12월

48) 백성들과 함께 아파하며 서로 돌봐주고, 백성들과 함께 마음을 나누며 서로 힘을 모으며 백성들과 함께 미워하며 서로 돕고, 백성들과 함께 좋아하며 더불어 추구합니다. 이렇게 하면 몸은 지켜줄 갑옷이나 적을 찌를 무기가 없어도 싸워서 이길 수 있고 성을 부술 장비가 없어도 적의 성을 무너뜨릴 수 있으며, 참호를 파지 않아도 성을 굳게 지킬 수 있나고 태공왕은 문왕에게 대답했다. 또한 천하의 모든 사람들과 이로움과 해로움을 함께 나누면 사람들은 모든 일이 이루어지도록 길을 열어준다고 했다. 태공왕.황석용 저, 유동환 역, 「육도,삼략」 (서울: 홍익 출판사, 2005), pp.81~82.

29일에 이러한 문제를 장계로 올리면서 당시 군사들이 머물고 있던 한산도에서 과거시험을 볼 수 있도록 해달라고 조정에 건의를 올렸는데, 그날의 장계를 보면 다음과 같다.

"규정중에 있는 '말을 달리면서 활을 쏘는 것'은 바다에 떨어져 있는 섬인지라 말을 달릴만한 장소가 없사오니 그 대신 편전을 쏘는 것으로 시험을 받으면 좋을 것 같아서 조정의 선처를 기다립니다."

이러한 이순신의 관심과 노력의 결과로 결국 다음 해인 1594년 4월 6일 한산도에 과거시험장이 개설되기에 이르렀다. 출장 과거시험장인 것이다. 권율의 도움으로 시험관을 정했고, 3일동안 시험을 치른 후에 9일에는 100명의 합격자를 배출했다.

또한 이순신은 자신의 명예나 욕심보다 부하들의 생명을 우선적으로 지켜 주면서 따뜻한 인간적 배려와 관심을 보여 주었다. 좋은 예로 일본군들이 뭍으로 도망가면 절대로 따라 들어가지 못하도록 하였다. 쓸데없는 공명심 때문에 따라 들어갔다가 적의 매복에 걸리면 피해를 입을 우려가 있었기 때문이었다. 이순신은 결코 맹목적인 승리와 명예에 집착하지 않았다. 생명의 존엄성을 생각했고 자신의 공로를 위해 부하들을 이용하지 않았다.

3. 신상필벌의 자세

병사의 사기를 높이려면 '신상필벌'의 원칙이 확립되어야 한다. 「삼략」에서는 "군대에 포상이 없으면 병사는 움직이지 않는다."고 못박았고, "처벌해야 할 것을 처벌하지 않으면 간사함을 기르게 된다."고 하였다. 그리고 상벌은 '하늘과 땅처럼' 공정해야 한다고 하였다. 포상은 선행을 권장하는 수단이며 처벌은 악행을 징계하는 수단으로 포상은 공로에 맞게 실행된다는 믿음이 가장 소중하고 처벌은 예외 없이 반드시 실행된다는 것이 가장 중요하다고 태공망은 강조했다.[49)]

이순신은 잘하는 사람에게는 상을 주고 못하는 사람에게는 그에 해당하는 벌을 주는 신상필벌의 원칙에 철두철미했다. 피비린내 나는 전투가 끝나면 부하들 중에 전사한 자는 그 유골은 고향으로 보내 후히 장사를 치르게 했으며, 그 처자는 구휼법에 따라 잘 대우했다. 부상자는 정성을 다해 충분히 치료했으며, 공이 있는 자는 일일이 등급으로 나누어 조정에 논공행상을 건의하여 그에 상응하는 포상을 받을 수 있도록 적극적으로 노력했다.

이순신은 자기 밑에서 열심히 임무를 수행하면 반드시 보상을 받을 수 있다는 것을 믿을 수 있도록 하였던 것이다. 반면에 벌을 가할 때는 무서우리만큼 엄격했다. 1592

49) 태공왕.황석용 저, 유동환 역, 위의 책, pp.34~72.

년에서 1598년까지의 「난중일기」에 보면 100회에 걸쳐 엄격한 군법을 시행한 기록이 나오는데 처형이 28회, 곤장이 44회, 각종 처벌이 36회, 구속이 15회가 나온다는 것을 보아도 잘 알 수 있다.[50)]

"방탑 병선 군관과 색리(色吏)들이 병선을 수리하지 않았기 때문에 곤장을 때렸다. 성 밑에 사는 토병 박몽세는 석수인데, 선생원 돌 뜨는 곳에 가서 해를 끼치고, 이웃집 개에게까지 피해를 입혔으므로 곤장 80대를 쳤다." (1592년 1월16일자 난중일기 중에서)

"색리, 영리를 잡아서 지휘에 응하지 않고 적의 상황을 빨리 보고하지 않은 죄를 물어 곤장을 쳤다." (1592년 4월 16일자 난중일기)

이순신이 특히 용서하지 않았던 분야는 전쟁준비에 관한 것이었고 적정에 관한 신속한 보고에 관한 것이었다. 이순신은 엄정한 군의 기강을 위해 때로는 사람의 목까지 베었다. 어란포에 머물고 있던 25일에는 한 어부가 피란민의 소를 훔쳐와서 이를 잡아먹기 위해 "적이 쳐들어온다!"고 허위보고를 했기에 이순신은 그의 목을 베어 군중에게 효시했다.

이순신 함대의 편성에 참퇴장이 있는 것은 도망병의 목을 베기 위함이다. 비록 어쩔 수 없이 목을 베었지만, 반드

50) 노병천, 위의 책, pp.305~308.

시 그 죽은 자의 가족에게는 별도의 음식과 돈을 보내어 따뜻한 관심을 갖는 것을 잊지 않았다. 이러한 것들이 바로 부하들이 목숨을 내놓고 이순신을 따랐던 이유였다.

4. 철저한 훈련으로 강병 육성

이순신은 전투에서 승리하기 위해서는 무엇보다 철저한 훈련이 가장 중요한 것을 알고 있었다. 특히, 복잡한 해전을 성공적으로 치루기 위해서는 철저한 훈련이 필요한 것이다. 그러나 당시 조선 수군의 훈련 수준은 너무 뒤떨어져 있었다. 그러나 부하들의 수준이 낮다고 실망하지 않고 그들의 눈높이에 맞추어 인내심을 가지고 최고 수준으로 훈련을 시켜 적과 싸워 이길 수 있는 강병육성에 최선을 다했다.

전라 좌수사에 부임 후 예하 부대의 전투준비상태를 점검하고 보강하면서 본영 및 각 포구의 수군들에게 활쏘기를 시험하고, 군관들에게도 편을 갈라 활을 쏘게 했으며, 자신도 틈만 있으면 예하 장수들과 활쏘기를 하였다. 활은 당시의 해전에서 중요한 기본병기였기 때문이며 누구나 능숙하게 다룰 줄 알아야 하기 때문이다. 뿐 만 아니라 임진왜란이 발발하기 직전에도 거북선의 지자포, 현자포를 쏘는 훈련을 했다. 이순신은 이러한 철저한 훈련을 통하여 병사들이 전투에서 자신감을 갖고 싸울 수 있도록 하였다.

5. 겸양과 희생의 자세[51)]

이순신은 무엇보다도 겸손했다. 결코 자신을 내세우지 않았다. 기적과 같은 승리 위에 의례히 따라오는 찬사 앞에서도 그 자신을 힘써 숨겼다. 그 자신의 공적을 내세우지 않고 반드시 부하들의 공적을 전면에 세웠다. 심지어는 비천한 종까지도 빠짐없이 승전 보고서에 포함시켜 그의 공을 격려했다. 이순신은 전투에서의 승리는 자신의 공이 아니라 부대원 전체의 공으로 돌렸던 것이다. 심지어 청사에 남을 명량 해전을 마치고도 그 승리를 천행(天幸)으로 돌렸던 겸양을 볼 수 있다.

「난중일기」에 보면 이순신은 여러 차례에 걸쳐서 그의 겸양의 모습을 볼 수 있다.

"사직의 위엄과 영향에 작은 공을 세웠는데 임금의 총애와 영광이 분에 넘친다. 쓸 만한 공로도 바치지 못했는데 입으로 교서를 외우니 얼굴에는 군인으로서 다만 부끄러움이 있을 뿐이다."

겸손은 강력한 힘이다. 겸손은 모든 높고 강한 것을 녹이는 힘이 있다. 겸손은 모든 것을 용해시켜 강력한 추진력을 가능하게 하며, 승리에 교만하고 성공에 자만하면 반드시 패배와 실패가 따라온다. 이순신이 23번이나 싸우면

---

51) 위의 책, pp.329~333.

서도 단 한 번도 패하지 않았던 이유가 있다면 그는 언제나 겸손한 마음으로 적을 헤아렸고, 그리고 빛나는 전공을 세운 뒤에도 모든 공을 위와 아랫사람들에게 돌렸다는 데 있다.

그는 단호하되 거만하지 않았고, 섬세하되 결코 편협하지 않았다. 그의 부하들은 적어도 이순신을 따르면 최소한 죽지는 않는다고 하는 확신을 가질 수 있었다. 이순신은 항상 자신의 공을 위해 부하들을 희생양으로 삼지 않았으며, 이순신의 해박한 전략 전술 지식과 천재적인 군사적 안목은 어떠한 전투에서도 싸우면 반드시 이길 수 있다는 자신감을 갖기에 충분했던 것이다. 벼랑 끝에 몰리더라도 이순신만 바라보면 반드시 어떤 길이 열린다는 것을 부하들은 믿고 있었다.

전시에 가장 따를 만한 지휘관이란 병사들의 입장에서 볼 때, 자신의 목숨을 확실하게 지켜줄 수 있는 지휘관일 것이다. 평시에는 아무리 잘 해주어도 전시에 이길 수 있다는 믿음을 주지 못하면 결코 좋은 지휘관이라 할 수 없다. 이순신은 이렇게 천재적인 전략과 탁월한 리더십을 바탕으로 부하들에게는 승리의 믿음을 주었고, 적에게는 공포의 대상이 되었던 것이다.

생명을 바쳐 나라를 구했던 이순신 장군은 그의 군 생활을 통해서 한 번의 투옥, 세 번의 파직, 그리고 두 번의 백의종군을 당했다. 그러면서도 그는 단 한 번도 그를 질

시했던 사람들이나 그를 몰아쳤던 조정 대신들을 원망하지 않았다. 대신에 그는 스스로 몸을 태워 절망과 어둠 가운데 한줄기 빛이 되었다. 그는 그가 해야 한다고 믿는 바를 묵묵히 행동으로 실천했던 것이다.

6. 유비무환과 창조의 정신[52]

이순신의 정신은 위기 앞에서 뿐만 아니라, 위기가 닥치기 전에 미리 예견해서 완벽하게 이를 대비했다는 데 더 큰 가치가 있다. 어떤 일이 터져 급급하게 막는 것보다는 일이 터지기 전에 예방하는 것이 더 현명한 일이다. 이순신은 이 점에서 빈틈이 없었다. 전투를 앞두고 이순신은 미리 준비를 했고, 완벽한 전투준비태세를 위해 매진했다.[53] 유비무환(有備無患)은 위기극복보다 사실상 더 중요하다.

임진왜란이 발발되기 4개월 전인 1592년 1월 1일부터 4월 15일까지의 「난중일기」를 보면 이순신이 얼마나 꼼꼼하게 전쟁을 준비하고 있었는지 잘 알 수 있다. 이때는

---

52) 위의 책, pp.328~329.

53) 임진왜란이 발발하는 해인 1592년 2월 19일부터 27일까지 9일 동안 예하부대를 순시하여 전투준비태세를 점검하였고, 3월 27일에는 거북선 총통을 시험 발사하였으며, 4월 11일에는 거북선에 돛을 만들어 달았고, 4월 12일에는 모든 전투태세를 마친 거북선을 끌고 나가 '지자', '현자'등의 총통 발사시험을 완료하였다. 이것은 정확히 임진왜란 발발 하루전이었다. 임원빈, 「이순신 병법을 논하다」(서울: 도서출판 신서원, 2005), p.49.

선조 임금을 비롯하여 조정 재신들이 전쟁은 없을 것이라는 낙관 속에 아무런 준비도 하지 않고 있었을 때다. 군사훈련과 전략을 연구한 대목이 11회가 나오고, 활쏘기가 30회, 대포쏘기가 4회, 거북선 건조와 시운전 그리고 시험사격이 3회, 군사시설과 인원 점검 등 순시가 20회가, 부하격려와 포상 등이 14회가 나온다.

왜란에 대비하여 이순신이 만든 거북선은 180여년 전 태종 당시에 만들었던 거북선과는 많은 면에서 일대 혁신을 가한 것이다. 그래서 거의 창안품이나 다름이 없었다. 거북선을 만들기로 작정한 처음 배경에는 배에 밝은 군관 나대용의 거북선 재건조에 대한 건의도 있었다. 그러나 그 당시에 전혀 거북선을 몰랐던 이순신은 아니었을 것이다. 그래서 이미 옛 자료를 통해 거북선이 존재했었다는 정도는 알고 있었다. 이순신은 「태종실록」을 비롯해서 많은 책을 읽었기에 나대용의 건의에 금방 감을 잡았던 것이다.

7. 결연한 위기극복의 자세[54)]

위대한 지도자는 위기에 그 진가를 발휘한다. 이순신은 국난에 직면하여 위대하고 결연한 지도자의 모습을 보여주고 있다. 그것은 비로 명량 해전에서 보여준 '필사즉생(必死則生)'의 리더십이다. 죽기를 각오하면 비로소 살 수

---

54) 위의 책, pp.325~327.

있는 길이 열리는 것이다. 이 정신으로 이순신은 그가 위기에 처했을 때마다 그 위기를 현명하게 극복할 수 있었던 것이다. 이순신이 다시 삼도수군통제사가 되었을 때 여러 부하들을 모아놓고 다음과 같은 짧은 연설을 했다.

"우리들이 지금 임금의 명령을 다 같이 받들었으니 의리상 같이 죽는 것이 마땅하도다. 그렇지만 사태가 이 지경에 이르렀으니 한번 죽음으로서 나라에 보답하는 것이 무엇이 그리 아깝겠는가, 오직 우리에게는 죽음만이 있을 뿐이다."

이 연설을 들은 부하들은 눈물을 흘렸다고 한다. 짧지만 상대방의 심금을 울리는 설득의 위력을 이순신은 가지고 있었다. 위기의 순간에도 또한 이순신은 부하들에게 희망과 비전을 제시했다. 아무리 죽을 지경에 처해 있어도 리더는 부하들에게 희망을 보여줄 수 있어야 한다. 명량 해전 하루 전에 있었던 이순신의 연설을 다시 살펴보면,

"병법에 이르기를 반드시 죽을 각오로 임하면 살 수 있고(必死則生), 반드시 살려고 한다면 죽게 된다(必生則死)고 했으며, 한명이 길목을 지키면 천명도 두렵게 할 수 있다고 했다. 이것은 모두 우리를 두고 하는 말이다."라고 부하들을 격려했다.

죽기를 각오하면 살아남을 수도 있다는 것이다. 비록 13척으로 133척을 상대해야 하는 위기에 처해 있지만 잘 하면 살 수도 있다는 신념을 웅변하고 있으며, 그 방법까지

제시해 주고 있는 것이다. 위기 앞에서 이순신은 부하들의 마음을 하나로 묶었고, 그리고 반드시 살 수 있다는 희망과 비전을 가슴 깊이 넣어주었던 것이다.

Ⅳ. 장교가 갖추어야 할 덕목들[55]

시대의 고금과 동서의 풍습이 다르긴 하지만, 국가의 형성과 흥망성쇠는 인간의 일로 귀일하고 있다. 마찬가지로 그 나라 군대의 강함과 약함은 실로 지휘관과 군사의 우열에 의해 좌우되었다. 그러나 항상 국가나 군의 흥망성패는 지도자의 몫이었다는 것은 역사가 증명하고 있다. 그러한 측면에서 장교(officer)는 계급의 낮고 높음에 불문하고 군의 지도자요 지휘관 및 참모로서 항상 군의 근간이 되고 간성이 되고 있는 것이다.

따라서 항상 국가안위를 두 어깨에 짊어지고 살아가야 하는 장교는 그 선발과정에서부터 엄선되어야 하고 질적으로 최상의 교육과 제도로 양성되어야 하는 것이다. 그러한 측면에서 볼 때, 어려운 여건 속에서 삼국통일의 주체가 된 신라의 화랑도 제도나 열악한 안보환경에도 불구하고 독일 통일의 위업을 달성했던 독일군의 우수장교를 양성하는 일반참모제도는 우리에게 많은 교훈을 남겨 주고 있다.

---

55) 장교의 덕목은 지난 날 인류 역사 속에서 전쟁과 군사발전에 귀감이 되는 명장들의 체험과 어록을 모아 기록한 윌리엄 코헨(William A.Cohen) 박사의 저술 「Wisdom of the Generals」를 번역한 안충준의 「장군들의 지혜」(서울: 백산출판사, 2001)를 많이 참고하였다.

장교란 계급의 높고 낮음에 불문하고 군의 간부요 지도자로 각 군의 제대에 맞는 지휘관, 참모 또는 실무 간부로서의 직분을 수행하며, 군의 핵심적 지위를 차지하고 있다. 비록 그들은 군대조직의 제도와 규율에 기초하여 임무를 수행하고 있지만, 그들 역시 인간으로서의 품성과 자질에 의해 행동하고 있는 것이 사실이다. 이러한 측면에서 우선 장교의 품성과 자질은 무엇보다 중요하다고 보아야 할 것이다.

장교가 갖추어야 할 품성과 자질은 천부적이거나 후생적인 교육과 자기 노력으로 다듬어 질 수 있는 인간적인 덕목들이다. 훌륭한 장교가 되기 위해서는 천부적으로 미리 타고 났으면 좋지만, 그렇지 못한 부분은 자기개발의 노력으로 완성해야 한다. 따라서 선발과 교육, 그리고 관리가 국가나 군이 담당해야 할 품성과 자질, 혹은 덕목이란 어떠한 것들인가?

장교양성의 핵심기관인 각군 사관학교가 지향하고 있는 교육의 목표는 바로 이러한 덕목을 함양하는데 지향되어야 할 것이다. 그러한 측면에서 과거나 지금이나 강조되는 것을 몇 자로 요약하면 '지인용(智仁勇)' 혹은 '지신인용엄(智信仁勇嚴)'으로 함축될 수 있을 것이며, 그것을 세분하여 보면 여러 가지로 나눌 수도 있을 것이다. 결국 그러한 덕목들이란 부하를 훌륭히 지도하여 전쟁에 임하여 승리하기 위한 덕목들 그 이상도 이하도 아닌 것이다.

그러나 말이 쉬운 것이지 부하를 잘 지도하는 것도 쉬운 일이 아니고 더구나 부하들과 함께 전쟁에서 싸워 이긴다는 것은 더욱 쉬운 일이 아니다. 그러나 아무리 그것이 어렵다 하더라도 불가능한 것 또한 아닌 것이다. 왜냐하면 고금의 전쟁사를 통하여 그러한 훌륭한 지휘관을 우리는 많이 발견할 수 있기 때문이다. 우리의 선배 조상 중에는 이순신 같은 명장이 있고 로마의 역사 속에는 카이사르(Caesar)같은 명장들이 밤하늘의 별처럼 지금도 빛나고 있다.

장교가 갖추어야 할 품성과 자질은 한마디로 인간적인 품성과 지도자적 자질이라 요약 할 수 있다. 장교가 갖추어야 할 덕목이란 이러한 품성과 자질에 추가하여 전승을 위해 필요한 군인적인 특성들이다. 장교가 갖추어야 할 품성과 자질은 선천적이거나 후천적이거나 그것을 당사자가 갖추고 있느냐의 여부가 중요한 것이며, 마찬가지로 덕목이란 것도 이와 같은 것이다.

인간적인 품성과 지도자적 자질이 바로 장교가 될 사람이 갖추어야 할 품성과 자질이라 논함에 있어, 여기서 '인간적' 이라는 말은 '제대로 된 인간' 을 말하는 것이다. 따라서 장교가 되기 위해서는 먼저 제대로 된 인간이 되어야 한다는 것이다. 바꾸어 말하면, 제대로 인간이 안 된 사람은 장교가 되어서는 안 된다는 것이다. 그러한 측면에서 우리는 성웅이라 칭하는 충무공 이순신을 대표적인 예로 살펴 볼 필요가 본다.

‘智仁勇’ 석자 중에 구태여 장교가 갖추어야 할 품성과 자질, 즉 인간적인 품성과 지도자적 자질을 찾아낸다면 ‘仁'에 기초한 덕목들이라 말 할 수 있다. 그리고 ’智信仁勇嚴‘ 다섯 자 중에 찾아본다면 ’智‘와 ’勇‘을 뺀 나머지 전부를 포괄하는 덕목이다. 그러한 면에서 본다면 이러한 덕목들은 후천적이면서도 다소는 선천적이며, 군사적이면서도 윤리적이고 보편적인 인간성과 자질을 의미하는 것이다. 따라서 이 분야는 가정교육의 몫이 크다.

이렇게 볼 때, 장교가 될 수 있는 제목은 가정교육에서부터 형성되는 것이며,[56] 제대로 가정교육을 받지 못한 사람은 가능하면 장교후보생이 되어서는 안 되는 것이다. 그것은 아마 예전에 육군사관학교 생도선발을 중상층 가정에서 주로 선발하려고 했던 시도가 그러한 연유에서였을 것이다. 원만한 가정에서 긍정적이고 보호받으며 성장한 경험은 아동의 미래를 밝게 만들 수 있지만, 부정적이고 방치된 경험은 그 반대의 결과를 낳을 수 있기 때문이다.

56) 가족과 출생배경은 개인의 이후 생활에 큰 영향을 미친다. 그 사람의 인격을 형성하는 틀이 바로 가족이기 때문이다. 크리스티 요르겐센 저, 오태경 역, 「나는 탁상위의 전략은 믿지 않는다」(Rommel's Panzers) (서울: 플래닛 미디어, 2007), p.18.

1. 부하 보살피기[57)]

군대생활을 농부가 농사를 짓는 것과 같다는 비유가 있는데, 그것은 지당한 말이다. 농부가 정성을 들여 논밭의 작물을 거두지 않는다면 어떻게 풍성한 결실을 기대할 수 있을 것인가? 군대도 마찬가지다. 지휘관은 부하들을 평소부터 정성을 들여 보살피고 관리해야 한다. 그래야만 그들은 유사시에 목숨을 바쳐 임무를 완수하여 할 것이다.

역사를 통해서나 현재 우리의 주변을 둘러보아도, 자기가 데리고 있는 아랫사람을 보살피고 챙기지 못하는 사람은 지도자가 될 수 없다. 여기서 보살핀다는 의미는 자신이 책임을 맡고 있는 부하들을 챙겨준다는 뜻이다. 진정한 지도자가 되고 싶다면 먼저 자신의 안위나 이익보다 부하들의 안전과 이익을 먼저 생각하는 사람이 되어야 한다. 만일 그렇지 못하면 지도자의 기본자격이 없는 것이다.

비록 군대가 아니라도 마찬가지다. 어떤 조직에서 공적인 지위를 갖지 않은 사람들 중에도 지도자가 있을 수 있다. 공식적인 지위도 없이 지도자가 된 것은 그가 다른 사람들을 이끄는 능력이 있기 때문이다. 즉 그는 다른 사람들을 잘 보살폈기 때문에 그에 대한 보답으로 다른 사람들이 그를 좋아하고 그의 말을 따르게 되는 것이다. 진정

57) William A. Cohen저, 안충준 역, 「장군들의 지혜」 (서울: 백산출판사, 2001), pp.32~34내용참조.

한 보스는 그렇게 해야 하는 것이다.

부여된 임무를 수행하기 위해서는 사랑하는 부하들보다 임무가 더 우선시 될 수도 있다. 그렇지만 그러한 경우 부하들은 물론이고 자기 자신보다 그 임무를 더 우선시하고 자신도 솔선수범 한다면 문제가 되지 않는 것이다. 부하들로부터 사랑과 존경을 받고 싶다면, 부하들을 도살상으로 내몰지 말아야 하는 것이다. 또한 자신의 출세를 위해 임무를 이용해서는 안 되는 것이다. 오히려 모든 면에서 항상 부하들을 챙겨주고 보살펴 주면 부하는 스스로 따르게 되는 것이다.

제1차 세계대전시 롬멜이 1916년 10월 루마니아 전선에서 텐트 등 장비의 부족으로 부대원들이 동상과 굶주림에 시달려야 했을 때, 그는 최고 수준의 전투력을 얻기 위해서는 지휘관이 직접 그 부대를 돌보아야 하며, 또한 지휘관은 부대원의 고통과 문제를 함께 나누어야 만 그들로부터 존경과 충성심을 끌어낼 수 있다는 부대 운용에 대한 가치 있는 교훈을 얻었던 것이다.

* 부하 군인들의 사랑을 받으려면 그들을 도살장으로 인도하지 말아라. (독일 황제, 프레드릭 대왕)

* 사람들은 자신들보다 더 현명하여 자기들에게 유익을 끼치는 사람에게 기꺼이 복종한다. (고대 그리스 장군, 제노폰)

* 역사를 통해서도 알 수 있듯이, 부하들을 최우선적으로 중요시 하지 않는 사람은 위대한 군인이 될 수 없다. (미 육군 장군, 맥스웰 테일러)

* 부하 군인들을 우선적으로 돌보고 보호하라. 또한 부하들과 어려운 일을 함께 할 때 불평하지 말아라. 그러면 현실의 시련에 닥쳤을 때 부하들의 진심어린 존경과 사랑을 확인할 수 있을 것이다. (미 육군 장군, 알렉산더 패치)

2. 신의와 신뢰

상관이 성실함과 신뢰성을 보이면 부하는 상관을 존경하고 신뢰하게 된다. 신의(信義)는 믿음과 의리를 말하는 것이며 서로의 믿음과 마음속의 약속을 끝까지 지키는 것이다. 그래서 맹약(盟約)과 신의(信義)는 삼국지에 나오는 유비와 관운장, 장비가 맺은 도원의 결의처럼 삶과 죽음을 기꺼이 같이 하겠다는 약속이며 다짐인 것이다. 그러나 세속의 보통사람들은 많은 경우에 사정에 따라 신의를 시키지 못하고 배신(背信)하게 된다.

신의란 만물의 영장이며 최상의 고등동물인 인간이 스스로 만들어 낸 가장 아름다운 윤리의 모습이다. 신의란 그것이 서로간에 도원의 결의처럼 굳은 약속을 지행히고 그것을 어떠한 경우에도 끝까지 지키는 경우도 있지만 그렇지 않더라도 상하간 혹은 친구간, 연인간에 그것을 지키는 것이 당연한 것이다. 따라서 군대처럼 생사를 같이해야 하는 경우는 더욱 요구되고 지켜져야 하는 것이다.

신의란 반드시 지켜야 하는 것이며, 그렇지 못하면 배신이 되는 것이다. 그래서 신라 화랑도 세속오계는 벗을 사귀되 신의를 지킨다(交友以信)는 것을 화랑의 주요 덕목으로 삼고 지키도록 강조했다. 군대는 합법적 무력집단으로 유사시 목숨을 내놓고 싸워야 하는 것이 군인이다. 따라서 군인은 특히 신의(信義)가 필요한 것이다. 군인은 상관을 배신해서도 안되고, 부하를 배신해서도 안되고, 전우를 배신해서도 안되고, 조국을 배신해서도 안되는 것이다.

전시 뿐만 아니라 평시에 있어서도 장교는 신의를 지킴에 그것이 체득화 되어야 한다. 이러한 신의는 평소 상호간의 신뢰를 형성하고 뜻과 마음이 하나가 됨으로써 비록 어떠한 어려운 상황에 직면하더라도 상하좌우가 하나가 되어 난관을 극복할 수 있는 것이다. 이와 반대로 서로 의심하고 배신하기를 밥먹듯이 하는 집단은 내부에서 스스로 파멸되고 말 것은 자명한 일이다.

또한 지도자는 성실성을 나타내고 옳은 행동을 해야 신뢰를 얻을 수 있다. 일단 신뢰를 잃게 되면 아무리 유능한 사람이라도 문제가 발생한다. 부하들이 자신을 신뢰하게 하고 지휘관 자신도 부하들을 신뢰해야 승리할 수 있는 것이다. 신뢰는 성실성과 깊은 관계가 있으며 지휘관의 미덕과 신뢰에 대한 공적인 믿음이 지속적으로 재확인되고 강화되어야만 군대의 미래와 국민들의 행복이 보장될 수 있는 것이다.

3. 성실성[58]

지도자가 갖추어야 할 모든 덕목중에서 성실성이 가장 중요한 덕목이 되는 이유는 성실성은 지휘관으로서의 능력의 기반이고 원천이 되기 때문이다. 조직의 가치로서 '성실'이라는 말을 사용할 경우, 비록 정직이 성실에서 나오는 경향이 있다 하더라도 이 둘은 동의어가 아니다, 그보다 우리는 내재적 일관성이라는 의미로 성실이라는 단어를 사용한다.[59] 성실성이란 보는 사람이 아무도 없어도 옳은 일, 자신이 해야 할 일을 행하는 것이다. 특히 전쟁은 서로간에 목숨을 내놓고 치러야 하는 투쟁이다. 이러한 전쟁에서 싸워 이기기 위해서는 성실의 원리에 따라 행동하는 지도자와 부하가 필요한 것이다.

올림픽 금메달리스트이며 후에 프로 골프선수가 된 베이브 자카리아스에 대한 이야기는 성실성이 무엇인지를 잘 설명해 주고 있다. 그녀는 중요한 시합에서 반칙으로 경기를 패한 적이 있었다. 그녀 자신이 실수로 엉뚱한 공을 쳤다고 시인했기 때문이있다. 그때, 그녀외 친구가 "베

58) 위의 책, pp.112~114 내용참조.

59) Gordon R. Sullivan & Michael Harper 저, 강미경 역, 「장군의 경영학」, (서울: 창작시대사, 1996), P.101.

이브, 왜 그랬지? 아무도 본 사람이 없었어, 아무도 몰랐는데 왜 말했어?"라고 말하자, 베이브는 "하지만 나는 알고 있었어"라고 대답했다고 한다. 이것이 바로 성실성이다. 이러한 성실성은 지도자가 갖추어야 할 기초적인 덕목이다.

사람들은 자기가 신뢰할 수 없는 지도자는 따르지 않는다. 그런 지도자가 명령을 내린다면, 그 명령을 마지못해 따를지 몰라도, 성실성이 부족한 지도자에게 자신의 모든 것을 내놓고 달려들지는 않을 것이다. 만물의 영장을 항상 속일 수 없는 것은 지극히 당연한 일이다. 진심과 성실성은 신의 마음까지 움직이지만, 그렇지 않은 것은 자신의 애견도 선뜻 따르지 않을 것이다.

* 위험하다는 이유로 명예심이나 국가에 대한 충성을 버려서는 안 된다. 죽음은 피할 수 없으나 고결한 명성은 영원하다는 사실을 기억하라. (남부 연합군 총사령관, 로버트 리)

* 전쟁은 체계적으로 치러야 하며, 그러기 위해서는 신의의 원리에 따라 행동하는 부하 군인들이 필요하다. (미 대륙군 총사령관, 조지 워싱턴)

* 지도자가 갖추어야 할 덕목 중에서 성실이 가장 중요하다. (미 공군 소장, 페리 스미스)

* 성공에 필수적인 요건 중 특히 중요한 것 두 가지는 노력과 절대적인 성실성이다. (영국 육군대장, 버나드 몽고메리)

4. 인격[60]

인격과 지혜로운 이론이 만나면 위대한 명장이 탄생한다고 조미니(Jomini)는 말했다. 이는 장교는 인격과 이론(능력)을 모두 갖추어야 한다는 말이다. 또한 훌륭한 인격을 가진 장군은 자기 자신을 통제할 수 있고, 선한 인격을 가진 장군은 부하 군인들을 통제 할 수 있다고 했다. 이렇게 자신과 부하를 다스릴 수 있다는 것은 장군으로서 인격을 나타낸다고 영국의 육군 소장 J.F.C 풀러는 말했다. 이는 고결한 인격이 장교가 우선적으로 갖추어야 할 품성이고 자질임을 강조하는 말이다.

미국의 마샬 장군은 지도자의 인격이 국가의 미래에 중대한 영향을 미친다는 점을 이야기 했다 .이는 국가뿐 아니라 어떤 조직에 있어서도 마찬가지이다. 확실한 것은 우리가 살고 있는 체제에서, 그리고 어떤 결정을 내리는 과정에서 이러한 인격이 배제되면 실패하게 된다는 점이다. 또한 리지웨이 장군은 인격이 지도력의 기초라고 했으며 인격이 제대로 안 된 사람은 종국에 가서 조직을 패망시키거나, 잘 되어도 중간 이상은 할 수 없다고 했다.

이순신 장군의 생애를 살펴보면 그의 군생활 과정에서 그는 사신의 출세를 위하여 윗사람을 찾아 다니거나 아부한 적이 없을 뿐만 아니라, 주변의 소인배들로부터 수없이

60) 위의 책, PP.38~40 내용참조.

모함과 질투, 그로 인한 조정으로부터의 부당한 처우를 받으면서도 한마디 불평없이 묵묵히 군인으로서의 길을 걸어간 분이었고, 부당한 청탁에 대해서는 자신의 신상에 불이익이 돌아올 것을 알면서도 소신을 굽히지 않았던 성웅이었다.

5. 비전(Vision)[61]

비전은 상상력으로 미래에 일어날 일을 그려보는 것과 관계가 있다. 사람들은 상상을 통해 미래의 일을 예견하고 이에 대비한다. 이렇게 하는 사람이 참 지도자라 할 수 있다. 비전을 통한 예견은 실수로 이어질 수 있는 변화의 가능성을 줄일수 있게 해주기 때문이다. 단지 다른 사람들의 비전에 단순히 맞춰 살려고 기다리는 사람은 추종자에 불과하며, 지도자라는 칭호와 책임을 맡고 있다 할지라도 그러한 사람은 관리인과 문지기 이상의 가치는 없다.

나폴레옹은 남다른 비전을 가지고 있었고, 사람들은 그가 미래를 예견하는 천재성과 특이한 힘을 가졌다고 생각했다. 하지만 나폴레옹은 비전의 필수요건인 심사숙고가 그의 비밀이라고 털어놓았다. 비전은 천재성에서 나오는 것이 아니라 심사숙고에서 나온다는 것이다. 이것은 우리

61) 위의 책, pp.212~213 내용참조.

가 되씹어 보아야 할 말이다.

클라우제비츠 장군은 중대한 일을 시작할 때 먼저 마음속으로 어떤 일이 생길 것인가 명확하게 그려보지 않고는 일을 시작하지 말라고 경고했다. 아놀드 장군도 비전을 항상 새롭게 갱신시키지 않고서 너무 먼 미래만을 생각하면 잘못된 안보의식과 매우 부정적인 생각만 들게 된다고 경고했다.

현대사회에 있어서 기업의 경영자도 마찬가지다. 기업의 최고 경영자가 갖추어야 할 덕목중에서도 비전을 갖고 그러한 비전을 회사의 경영에 반영하는 것이 무엇보다도 중요한 자질로 요구되고 있다. 이는 군대사회에 있어서도 비전이 장교의 기본적인 자질에 속하는 것은 당연하다. 비전이 없는 지도자는 자신과 자신이 속한 조직을 성공의 길로 이끌 수 없기 때문이다.

* 지도자는 반드시 미래상을 제시할 수 있어야 한다. 계획을 세우지 못하는 지도자는 단순한 관리인과 문지기에 지나지 않는다. (미 공군 소장, 페리 M. 스미스)

* 내가 항상 준비성 있게 보이는 것은, 어떤 일을 시작하기 전에 오랫동안 숙고하고 무슨일이 생길지 예상해 보기 때문이다. 내가 다른 사람들이 예상치 못한 상황에서 갑작스럽게, 그리고 비밀리에 일을 처리할 수 있는 건 내가 천재여서가 아니라 단지 심사숙고했기 때문이다. (프랑스 황제, 나폴레옹)

* 먼저 전쟁으로 무엇을 얻을 수 있으며 어떻게 이를 쟁취할 것인지 마음속으로 명확하게 생각하지 않고서 전쟁을 시작하는 사람은 아무도 없다. (프러시아 육군 소장, 칼 폰 클라우제비츠)

6. 지도력(Leadership)[62]

지도력은 눈속임이나 권력이 아니라 신뢰에 바탕을 두고 있다. 따라서 지도력은 적당히 속임수를 쓰거나 사람들을 조종해서 얻을 수 없다. 많은 사람들은 지도력을 일종의 권력으로 생각하고 사방에 명령을 하고 다니는 것이 지도력이라고 오해하는 경우도 있지만 그것은 너무나 잘못 생각하고 있는 것이다. 지도력이란 지도자와 부하와의 관계에서 나타나고 작용하는 것이다. 그래서 지도력은 어떤 목표를 추구하거나 임무를 수행할 때 최고 수준의 성과를 달성할 수 있도록 도와주는 것이다.

장교는 군대사회의 지도자 계층이다. 군대는 전쟁을 개인의 능력이나 힘으로 하는 것이 아니라 군대라는 조직의 힘으로 적과 싸워 승리를 쟁취하는 것이다. 그러나 훌륭한 조직이라 할지라도 무능한 지도자에 의해 형편없이 패배의 바닥으로 떨어질 수 있고, 비록 상대적으로 약한 조직이라도 훌륭한 지도자가 있으면 승리를 쟁취할 수도 있다는 것

62) 위의 책, pp.120~122 내용참조.

을 동서고금의 무수한 전쟁사는 가르쳐 주고 있다. 바로 그것은 지도자의 지도력이 그만큼 중요하다는 의미이다.

이순신 장군은 임진왜란에서 왜군과 싸워 항상 이겼으나 정유재란시 이순신 장군이 모함에 얽혀 조정으로 묶여 올라가 억울한 문초를 당하는 동안, 조선의 수군을 물려받은 원균은 칠천량 해전에서 조선 수군을 전멸시키고 말았다. 이순신 장군이 건설해 놓은 무적함대 조선 수군도 원균이라는 무능한 지휘관에 의해 하루 아침에 멸망하고 말았던 것이다. 그러나 다시 백의종군한 이순신 장군은 13척의 보잘 것 없는 전선으로 명량 해전에서 왜적을 격파하지 않았던가? 이것은 바로 지휘관의 지도력이 얼마나 중요하다는 것을 증명하는 것이다.

* 장교와 장병간의 관계는 결코 상급자, 하급자의 관계 또는 주인과 종의 관계가 아니라, 교사와 학생의 관계가 되어야 한다. (미 해병대 중장, 존 리쥰)

* 사자가 이끄는 숫사슴 무리는 숫사슴이 이끄는 사자 무리보다 더 큰 두려움을 일으킨다. (고대 마케도니아, 필립 대왕)

* 유능한 지도자는 형편없는 군대로도 효과적인 전투를 할 수 있지만, 무능한 지도자는 최정예 부대의 사기를 떨어뜨린다. (미 육군원수, 존 퍼싱)

7. 기타 덕목과 자질[63]

○ 사람 관리

사람과 조직은 서로 떨어질 수 없는 불가분의 관계를 맺고 있으며 어떤 조직에 있어서도 사람이 가장 중요한 재산이다. 2차 대전시 패튼 장군도 전쟁을 승리로 이끄는 주역은 무기가 아니라 사람이라고 했다. 이는 수세기에 걸쳐 역사적으로 증명된 사실이다. 무기면에서 열세를 보인 군대가 첨단무기로 무장한 군대를 격파한 경우가 얼마든지 있다. 제1차 중동전쟁시 미약한 이스라엘군은 주변 아랍 제국의 우세한 전력의 공격에도 불구하고 그들을 격파하고 조국을 지켰던 사실을 기억할 필요가 있다.

언제나 일을 해내는 것은 바로 사람이라는 것이다. 일반 사회의 회사경영에 있어서도 여유있는 재정, 좋은 상품 등 긍정적인 요소를 아무리 많이 갖추고 있어도 직원들 관리를 소홀히 하고 그들을 중요하게 여기지 않는 회사는 망하지 않을 수 없다. 이와 반대로, 아무리 재정이 약하고 작

---

63) 장교가 갖추어야 할 중요한 덕목으로 앞에서 부하보살피기, 신의와 신뢰, 성실성, 인격, 비젼, 지도력을 제시했지만, 이 외에도 훌륭한 장교가 되고 나아가 장군의 반열에 올라 수많은 부하를 성공적으로 지휘하고 유사시 전쟁에 나가 승리하는 지휘관이 되기 위해서는 이러한 덕목들에 갖추어 나가는 끊임없는 노력이 필요하다. 다음의 내용들도 윌리엄 A. 코헨(William A Cohen) 저, 안충준 역, 「장군들의 지혜(Wisdom of generals)」의 내용을 많이 참조하였음을 밝힌다.

은 규모의 회사라도 사원들이 똘똘 뭉치면 IMF와 같은 난관이라도 능히 극복해 낸 사례가 얼마든지 있지 않은가? 백제가 의자왕대에 이르러 망국의 길로 들어선 것은 당시 의자왕의 사람관리가 초래한 결과로도 볼 수 있다. 유능한 충신을 귀양보내고 주변에서 아첨이나 일삼는 간신배를 등용하여 국난에 제대로 대비하지 못한 결과인 것이다. 워털루 전쟁에서 나폴레옹이 그의 일생 마지막 회전에서 승리의 기회를 놓친 것도 바로 그와 같은 중요한 결전에 유능한 장군들을 제외시키고 「네이」와 같은 무능한 부하 장군들을 전투에 참여시켰던 것이 패배의 커다란 원인이 되었던 것이다.

그렇다면 너무나 중요한 자원인 사람들을 어떻게 관리해야 하는가? 우선 조직은 좋은 사람들을 모집하고 그들이 조직을 탈퇴하지 않도록 노력해야 한다. 그리고 그들을 잘 훈련시켜 잠재적인 능력을 개발시켜 주어야 하며 그들의 능력이 최대로 완벽하게 발휘되는 직위로 계속 승진시켜 주어야한다. 뿐만 아니라 조직원들 개개인을 잘 살펴보고 파악해서 그들이 최고의 재능을 펼칠 수 있도록 도와주고 동기를 부여해 주어야 하는 것이다.

이렇게 인재를 적재적소에 배치하여 사용하는 것이 매우 중요하다. 최상최고의 인재만 모아 사용하는 것이 가장 좋겠지만, 현실은 그러하지 못한 경우가 대부분이다. 더구나 우리가 배치되는 부대는 이미 기존에 배치되어 있는 사람으로 임무를 수행해야 하고 임기가 끝나면 다른 곳으로 떠나야 하는 것이 사실이다. 따라서 우리가 실제 실무에서 할 수 있는 일은 기존의 인재를 적재적소에 잘 배치하여 최대한 활용하는 것이 무엇보다 중요하다. 목수가 집을 지을 때 적당한 자재를 적당한 곳에 배치하여 사용하듯 지휘관도 그렇게 하며 임무를 수행토록 해야 하는 것이다.[64]

○ 자제심과 자신감

자기 자신도 통제하지 못하면서 다른 사람을 통제할 수 없다. 또한 자기 자신을 훈련할 수 있는 사람만이 다른 사람들을 훈련시킬 수 있는 것이다. 그래서 자휘관은 부하 군인들을 명령하는 것과는 별도로 자기 자신에게 명령하는 법을 배워야 하는 것이며, 이는 결코 쉬운 일이 아닌 것이다. 두려움과 공포가 지배하는 전장에서 부하들에게 안정을 찾아주려면 지휘관이 먼저 자제심을 잃지 않고 냉철해져야 하는 것이다.

---

64) 대장은 도목수(우두머리 목수)에 비유되는데, 천하를 재는 자를 갖춰서 나라의 자를 정확히 바로잡고, 집의 자를 아는일, 이것이 바로 도목수의 도리이다,…목이 곧고 마디가 없으며 보기 좋은 것은 앞쪽 기둥으로 삼고, 조금 마디가 있어도 곧고 튼튼한 것은 바로 손질해 뒷기둥으로 쓴다. 도목수가 되려면 목수를 부림에 있어서도 그 솜씨의 상중하를 파악하여, 솜씨에 따라 마루, 문과 미닫이, 혹은 문지방, 천장 등의 일을 맡긴다. 솜씨가 그다지 좋지 않은 자에게는 잡일을 맡긴다. 병법도 이와 마탄가지다. 미야모토 무사시 저, 안수경 역, 「오륜서」 (서울:도서출판 사과나무,2004), pp.24-25.

성공한 지도자와 그렇지 못한 지도자들을 살펴봤을 때, 가장 큰 차이점은 자제심에 있다. 자제심이 부족한 사람은 성공의 기회를 눈앞에 두고도 실패하는 경우도 있고, 망치지 않아도 될 일도 자제심 부족으로 망쳐 버리고 후회하는 일이 많다.[65] 어려울수록 자제심이 더욱 요구되며, 어렵다라도 자제심을 발휘하면 역경을 극복할 수 있는 길이 아타나는 것이다. 그래서 자제심은 장교에게 정말 중요한 덕목인 것이다.

또한 지도자는 자제심과 더불어 항상 자신감을 갖는 것이 반드시 필요하다. 상황이 아무리 절망적이라 할지라도 지휘관은 부하들 앞에서 항상 자신감을 잃지 말아야 하는 것이다. 왜냐하면, 지휘관이 불안감을 보이면 그 불안감은 부하 장병들에게 급속도로 전파되기 때문이다. 이탈리아 원정시 나폴레옹이 부하들을 격려한 것처럼 현재가 아무리 어렵고 고통스럽더라도 이길 수 있다는 희망과 승리의

65) 임진왜란시 1594년 이후 1597년까지 조선 수군은 이렇다 할 해전을 치르지 않았다. 웅천, 안골포의 왜군을 제압하지 않은 상태에서 부산포를 공격할 경우 적으로부터 협공을 받을 가능성 때문이었다. 그래서 이순신 장군은 선조로부터 바다를 건너 부산으로 들어오는 가등청정을 공격하라는 명령을 받았지만 가볍게 움직이지 않았다. 결국 적의 반간계로 이순신은 통제사에서 파직되고 한양으로 압송된다. 후임으로 원균이 삼도 수군통제사로 부임하여 원균 역시 처음에는 부산포 공격의 무모함을 알고 문제점을 제기하지만, 상관인 도원수 권율로부터 곤장을 맞자 홧김에 자포자기로 조선수군을 끌고 부산포로 들어가다 칠천량 해전에서 적의 함정에 빠져 전멸당하고 말았다. 이는 자제심이 부족했던 결과였다.

비전을 부하들에게 심어줄 수 있어야 하며, 그러기 위해서는 우선 지도자가 먼저 자신감을 가져야 하는 것이다.

부하들에게 자신감을 심어주는 방법으로는 부하들에게 작은 일을 성취시키면서 승리의 자신감을 심어 주는 방법도 필요하다. 위대한 승리와 작은 승리는 자신감에 있어서도 차이가 없는 것이다. 자신감은 성공을 통해서 능히 키워질 수 있은 것이다.[66] 성공을 통해서 내적 두려움을 걷어 내고 자기 자신이 강하다는 것을 깨닫게 해 주는 것이다. 그것은 마치 칭찬을 통해서 어린 아이를 격려하는 것과 같은 것이다.

○ 도전 정신

위험을 무릅쓰지 않은 사람은 승리할 수 없다. 경우에 따라 조심성을 발휘해야 할 때가 있지만, 피할 수 없는 경우에는 과감하게 도전해야 하는 것이다. 전쟁을 쉽고 안전하게 위험을 피해가려 한다면, 승리의 여신은 등을 돌리고 말 것이다. 위험을 감수하지 않고는 가치 있는 일을 해낼

---

66) 임진왜란시 최초의 해전인 옥포 해전은 전라 좌수영의 수군병사들 뿐만 아니라 지휘관인 이순신 장군에게 매우 중요한 의미를 갖은 전투였다. 과연 왜군과 싸워 우리가 이길 수 있을 것인가 하는 의문이 있었기 때문이다. 이때 이순신은 부하 병사들에게 "함부로 움직이지 말고 조용하기를 태산같이 하라."고 엄명을 내렸다. 제1차 출동인 옥포 해전의 승리는 대규모 전투는 아니었지만 조선 수군에게 왜군과 싸워 이길 수 있다는 자신감을 심어주었다.

수 없는 것이다. 우리의 삶 그 자체가 또 항상 위험 속에 존재하고 있는 것이며 어느 정도의 위험은 항상 스스로 극복하고 소화해 내야 하는 것이다. 그렇지 못하면 살아갈 수가 없는 것이다.

특히 전쟁터라는 위험한 상황에서 임무를 수행하는 것은 생명을 걸고 하는 일이다. 그러한 상황에 처한 사람들에게는 목숨을 걸고 싸우는 길 외는 있을 수 없다.[67] 승리하여 살아남기 위해서는 어떤 어려움도 극복해 내야 하는 것이다. 전쟁에서는 식량, 장비, 물자, 병력 등 뭐든지 부족하기 마련이고 심지어는 수면조차 제대로 취할 수 없는 적과의 싸움이 계속된다. 진정한 지도자는 어떠한 어려운 상황 속에서도 도전하며 역경을 헤쳐 나가면서 임무를 수행해야 하는 것이다.

물론 극복해야 할 역경이 없다면 성공하기도 쉬울 것이다. 하지만 현실은 그렇지 못하다. 역경에 처하여서 평범한 사람은 힘든 부분만을 바라보며 자신이 감당해야 하는 어려움에 미리 질려서 임무를 두려워 하고 쉽게 단념해 버린다. 그러나 군의 지휘관은 그렇게 할 수도 없다. 아무리 어려운 경우라도 그것을 극복하고 해내어야 하는 것이다. 군인이 역경에 부딪친다는 것은 지극히 자연스러운 일

67) 명량 해전에서 조선 수군은 겨우 13척의 보잘 것 없는 전함으로 133척이라는 왜군의 대선단을 맞이하여 죽기로 싸워 결국 승리하였다. 만일 여기서 겁을 먹고 물러섰다면 조선 수군은 그 명맥이 끊어졌을 것은 물론이고 전쟁의 결과는 달라졌을 것이다.

이며 이를 극복하고 임무를 완수해야 하는 것이 임무인 것이다.[68]

어려움 없이 일이 순조롭게 진행될 때 진정한 승리가 있는 것이 아니고 시련을 겪고 이겨낼 때 진정한 승리라고 할 수 있는 것이다. 나폴레옹이 대군이 이끌고 알프스 산맥을 횡단한 것처럼 충분히 노력만 한다면 어떠한 역경이나 어려움도 극복할 방법이 있는 것이다.

○ 대담한 공격성

주저하다 시기를 놓치는 것보다는 잘못되더라도 대담하게 행동하는 것이 낫다고 클라우제비츠는 말했다. 시작이 반이라는 옛말을 구태여 들먹이지 않더라도 일단 시작하면 성공의 가능성은 커질 수 있는 것이다. 지각없이 덤벼서도 안되겠지만, 전쟁은 다소의 사상자가 예상되더라도 단호하고 맹렬하게 싸워야 한다고 미 육국 대장, 필립 셰리단은 강조했다.

공격성이란 어떤 사람이 주어진 임무와 책임을 완수하기 위하여 한발 앞서서 행동하는 것을 뜻한다. 이런 사람은 결코 주저하는 법이 없이 임무를 완성할 때까지 어떤 상황에서도 적극적으로 행동한다. 클라우제비츠의 말처럼

68) 전쟁이란 항상 유리한 상황만 있는 것은 아니다. 전장의 불확실성과 온갖 불리한 여건과 어려움 속에서도 승리의 가능성을 위해 도전하고 싸워야 하는 것이다.

이런 사람은 너무 늦을 때까지 기다리기보다는 잘못되더라도 빨리 행동하는 것이 낫다고 생각하기 때문에 절대로 머뭇거리지 않는다.

사람들은 결정을 내릴 때, 그 일이 스스로 결판날 때까지 미루는 경우가 많다. 자기 자신이 책임을 맡기보다는 운명에 맡기고 싶은 것이다. 이는 대부분의 사람들이 잘못된 결정으로 실수를 저지를까 봐 두려워하기 때문인데, 미루는 것은 오히려 더 나쁘다. 왜냐하면 운명에 결정을 내맡긴다고 해서 항상 자신이 원하는 결과가 주어지는 건 아니기 때문이다. 그래서 클라우제비츠는 차라리 무모할 망정 뛰어드는 게 더 낫다고 말했다. 그래서 프랑스의 육군 원수 셰리단은 행함이야말로 전쟁에서 최우선의 그리고 최고의 법칙이라고 했다. 실제로 우리 인생의 많은 사건들을 지배하는 법칙은 바로 행함이다.

좋은 아이디어를 가지고도 '적당한 시기'가 올 때까지 발표를 보류하거나 이를 실행하지 않는 경우가 있는데, 그 적당한 시기란 결코 오지 않으며 어느 날 문득 다른 사람이 '당신의' 좋은 아이디어를 시장에 소개하는 것을 보고 후회하는 날이 오게 된다. 그러한 후회는 즉각 행동에 옮기는 적극적인 공격성의 부족에서 연유되는 것이다. 나폴레옹 전쟁 당시 영국의 위대한 해군 대장이었던 넬슨 경은 정보가 부족하다거나 예상되는 희생이 두렵다는 이유로 적을 그냥 보내버리느니 적극적으로 기회를 틈타 적을 공격하는 것이 훨씬 바람직하다고 조언했다.

화려한 댄스파티에 함께 갈 이성 친구를 찾는 청소년이나, 사업을 시작하려는 사람, 또한 돈을 벌기 위해 기회를 엿보고 있는 투자가에게도 똑같이 적용될 수 있는 말이다. 그곳이 일반사회든 군대이든 이러한 공격성의 개념을 받아들인다면 각자가 선택한 목표를 달성하는데 큰 도움이 될 것이다. 특히 전쟁에서 대담할 수만 있다면 불가능은 없다고 한 패튼 장군의 말은 기억할 만한 것이다.

제2차 세계대전시 독일 기갑부대 총사령관이었던 구데리안은 상황이 회의적이고 명확하지 않을 때는 과감하게 공격해야 한다고 말했다. 상황이 비록 불리하고 주저할 수밖에 없을 때, 오히려 대담하고 적극적으로 공격함으로써 상황을 역전시킬 수 있다는 이야기다. 나폴레옹도 항상 대담하게 행동하라, 그 길이 안전하다고 강조했다. 이순신 장군도 명량 해전에서 이러한 자세로 적진을 향해 돌진하였으며 지휘관의 이러한 자세에 따라 비록 상황은 불리했지만 그의 부하들도 뒤따라 나가 목숨을 걸고 뒤따라 나가 목숨을 걸고 싸움으로써 상황을 역전시키고 기적 같은 승리를 이룩했던 것이다.

1944년에서 1945년에 걸친 겨울, 제2차 세계대전이 거의 끝나갈 무렵, 연합군은 독일군의 기습공격에 놀라 당황하지 않을 수 없었다. 독일군의 공격에 대비한 방어태세를 취하려면 얼마나 많이 후퇴해야 하는가 하는 문제를 놓고 사령관들은 고민에 빠졌다. 하지만 패튼 한 사람만은 후퇴할 게 아니라 공격해야 한다고 주장했다. 그는 동료들을 격려하며 작전재량권을 얻어 피곤에 지친 선발 군대를 이끌고 과감하면서도 적극적으로 독일군의 측면을 공격했다. 패튼의 대담성으로 패색이 짙었던 연합군은 제2차 세계대전의 종식을 앞당기는 위대한 승리를 쟁취할 수 있었다.

○ 희망

지도자는 희망을 다루는 사람이라고 나폴레옹은 말했다. 인간은 희망이 있으면 어떠한 어려움과 난관도 기꺼이 극복해 낼 수 있다. 그러나 희망이 없다면 그 사람의 영혼이 소멸되는 것이다. 그래서 희망이 없이는 아무것도 할 의욕도 없고 할 수도 없는 것이다. 지도자의 주요한 임무는 부하들에게 희망을 부여하고 그들이 희망을 안고 어떠한 어려움도 기꺼이 극복하며 임무를 달성하도록 하는 것이다.

희망은 자신이 원하는 바가 이루어지리라는 바로 그러한 욕망이다. 그래서 희망은 군 지도자 뿐 아니라 우리 모든 사람들에게 필요한 것이다. 희망이 없다면, 헨리 포드는 무명의 일개 기계공으로 죽었을 것이고, 라이트 형제는 자전거만 계속 고치면서 평생을 보냈을지도 모른다. 희망이 없었다면 빌 게이츠는 하버드 대학을 정상적으로 졸업

해서 실리콘 밸리의 한 회사에 취직해 말단 사원으로만 근무했을 뿐 대기업 사장은 꿈도 꾸지 못했을 것이다.

1796년 6월 3일 나폴레옹은 이탈리아 방면군 사령관으로 취임하면서 그의 부하 장병들에게 다음과 같은 유명한 연설로 장병들에게 희망을 불어 넣었다.

"친애하는 장병들이여! 지금 제군들에게는 먹을래야 빵이 없고, 입을래야 옷이 없고, 밤이슬을 가려줄 집 없는 궁상에서, 총을 베게삼아 동굴에서 자면서 조국을 위해 잘 싸웠다. 그럼에도 불구하고 프랑스 정부는 재정이 곤란하여, 제군의 그러한 경탄할 용기와 공헌에 대하여 아무것도 보답하지 못했다. 그러나 앞으로는 다르다. 나는 제군과 더불어 지구상에서 가장 부유하다는 롬바르디아의 평원으로 진격한다. 넓은 들판의 풍요한 과실, 번영한 여러 도시에 산처럼 쌓여있는 금은보화, 그 모든 것을 제군들이 마음대로 가져도 된다. 장병여러분! 제군은 지금 굶주리며 추위에 떨고 있지만 나와 함께 잠시 참자! 나와 함께 진격하자! 우리가 가는 곳에 영예와 부가 있다. 병사 여러분! 진격의 용기를 내자!"

나폴레옹의 연설에 감동한 프랑스의 병사는 물론 청년 장교들마저 이 연설에 감격하여 자기가 영광에 도달할 수 있는 길은 나폴레옹의 운세에 추종하는 길 뿐이라고 생각했다고 한다. 부하 장병들에게 희망을 불어 넣어 주는 지휘관을 부하들은 기꺼이 믿고 따르게 되는 것이다.

○ 용 기

용기란 단순히 겁을 먹지 않는다는 의미가 아니다. 누구나가 겁에 질리는 상황에 직면할 수 있지만, 용기란 두려움에도 불구하고 해야 할 일을 해내겠다는 의지를 뜻한다. 브레들리 장군의 말대로 '겁이 나 죽을 것 같은 상황에서도 임무를 철저하게 수행하는 것'이 용기다. 화랑도 세속오계 가운데 '임전무퇴'는 바로 이러한 용기를 의미하는 것이다.

조미니(Jomini)는 말하기를 장군이 갖추어야 할 가장 핵심적인 요건은 첫째, 도의를 지키면서도 과감한 결단을 내릴 수 있는 도덕적인 용기이고, 둘째, 어떤 위험에도 맞서 싸울 수 있는 물리적인 용기이며, 희생정신과 군인으로서의 능력은 그 다음으로 중요한 것이라고 했다. 여기서 도덕적인 용기란 자신이 얼마나 힘든 것인가를 생각지 않고 옳다고 믿는 대로 행하는 것을 뜻하는 것이다.

이러한 용기는 지휘관 자신 뿐만 아니라 부대원들도 어떤 위험에도 맞서 싸울 수 있는 용기를 발휘할 수 있도록 해야 한다. 그렇게 하기 위해서 지휘관은 평소부터 부하들로부터 존경과 신뢰를 받고 솔선수범하는 자세를 보여야 한다. 사자가 지휘하는 사슴의 무리는 사자와 같이 싸울 수 있으나, 사슴이 지휘하는 사자의 무리는 결코 사자처럼 싸울 수 없을 것이기 때문이다.

○ 의지와 근성

"승리하겠다는 의지 없이 전쟁에 임하면 패할 수밖에 없다"고 맥아더 장군은 말했고, "길을 찾지 못하면 길을 만들어라"고 한니발은 말했으며, "행동의 가치는 이를 끝까지 완수해 내는데 있다"고 징기스칸은 말했다. 결국 요지는 무언가 하려고 마음먹었다면 끝까지 그대로 행하라는 것이다.

정말 중요한 임무가 있는데, 이를 끝까지 수행할 생각이 아니라면 아예 시작을 하지 않는 게 좋다. 사업에서 그런 사람이 있다면 그는 아주 바보같은 사람이며 부하 직원들도 그를 따르지 않을 것이다. 만약 전쟁이라는 상황 중에 그런 사람이 있다면, 그는 중대한 범죄자이다.

징기스칸은 미국 육군사관학교나 영국 샌드 허스트 사관학교, 아니, 군과 관련된 어떤 학교도 다녀 본 적은 없지만, 결단은 중요성을 명확히 인지하고 다음과 같이 정곡을 찔러 표현했다. "어떤 행동은 그 일을 끝냈을 때 가치가 있다." 실제로 주변을 둘러보면 시작만 해놓고 끝내지 못한 훌륭한 계획들을 수없이 많이 볼 수 있다.

한니발은 적을 무찌르기 위해 코끼리 부대를 이끌고 알프스를 넘어 아프리카에서 로마로 진군했다. 로마인들은 그런 일은 있을 수 없다며 믿지 않았다. 그러나 한니발은 알프스를 넘어 칸나에(Cannae) 전투에서 숫적으로 반밖에

안 되는 카르타고 군대로 7만 명의 로마 군사들을 격퇴시켰다. 이 전투에서 한니발은 단순히 승리만을 쟁취한 것이 아니라 로마군을 섬멸한 기적을 이루었다. 당시 한니발이 한 말은 너무나 유명하다. "길을 찾지 못하면 길을 만들어라."

모름지기 지휘자는 한번 시작한 것은 끝장을 보고야마는 근성을 가져야 하는 것이다. 그렇지 못하고 한번 시작한 일을 도중에 포기하거나 유야무야하는 지휘관은 적이 우습게 볼 것은 물론이고 자기 부하들도 우습게보고 잘 따르지 않을 것이다. 그러나 한번 시작하면 아무리 어려운 일에 부딪치더라도 그 일을 중단하거나 포기하는 법이 없이 끝까지 밀어 붙여서 반드시 끝을 보는 사람은 적도 부하도 그를 두려워하고 신뢰할 것이다.

남북전쟁시 한 일화가 있는데 링컨이 그랜트 장군을 북군의 원수로 임명했을 때, 남군의 「리」 장군은 제임스 피트 롱 스트리트라는 그가 가장 신임하는 부관에게 그랜트 장군에 관해 물었다. 롱 스트리트는 그랜트 장군과 사관학교를 함께 다닌 그의 가장 친한 친구 중 한 사람이었기 때문이다. 롱 스트리트는 "그랜트가 임명되었다면 우리는 이제 큰일 났습니다."라고 대답했다. 롱 스트리트는 그랜트 장군이 한번 시작한 일은 반드시 끝을 본다는 걸 잘 알고 있었기 때문이다.

○ 지 혜

성경의 잠언 17장을 보면 "차라리 새끼 빼앗긴 암곰을 만날지언정 미련한 일을 행하는 미련한 자를 만나지 말 것이니라." 18장에는 "명철한 사람의 입의 말은 깊은 물과 같고 지혜의 샘을 솟쳐 흐르는 내와 같으니라,… 미련한 자의 입술은 다툼을 일으키고 그 입은 매를 자청하느니라"라고 기록되어 있다. 이는 지혜의 중요성을 일깨우는 말씀이다. 지혜롭지 못한 미련함이 얼마나 무서운 것이며 가까이 하면 위험하다는 것을 알려주고 있다. 지휘자가 지혜롭지 못하고 미욱하면 수많은 부하들이 불쌍하게 도살당하게 되는 위험에 처하게 되는 것이다.

그래서 장교가 갖추어야 할 덕목 가운데 智(지혜)를 가장 앞에 내세운 이유가 있는 것이다. 지휘관의 양어깨에는 수많은 부하들의 생명이 얹혀 있는 것이다. 지혜롭지 못한 지휘관의 잘못으로 수많은 부하들이 죽음의 구렁텅이로 들어갈 수 도 있고 현명한 지휘관의 지혜로 승리의 쾌감을 갖게도 되는 것이다. 그래서 잠언 1장 마지막에 "어리석은 자의 퇴보는 자기를 죽이며 미련한 자의 안일은 자기를 멸망시키니라. 오직 나를 받드는 자(지혜로운 자)는 암연히 살며 재앙의 두려움이 없이 평안하리라"고 끝맺고 있다.

지혜는 지식과는 다르다. 지혜는 사물의 본질을 꿰뚫어

보고 올바른 선택을 하는 현명함이다. 그래서 그리스 시대의 철인정치는 지혜 있는 철인(哲人)들이 다스리는 정치를 의미하는 것이다. 철인이 되기 위해서는 어려서부터 균형있고 정선된 교육을 받고, 지, 덕, 체를 수련해야 하며, 성인이 되어서는 지도자로서의 경험을 실무를 통해서 체득하고, 나이 오십이 넘어 비로소 치자(治者)의 경지에 오를 수 있으며, 치자(治者)의 지위에 올라서도 끝없는 사색과 자기절제 속에서 최선의 통치를 구현해야 한다고 하였다.

이러한 측면에서 보면 지혜란 지도자가 갖추어야 할 최고의 지적 경지로서 처신하고, 말하고, 판단함에 있어서 조금의 하자도 없고 결함이 없는 경지를 말한다. 그래서 지혜로운 자는 적과 대적함에 있어서 적의 속임수나 움직임을 꿰뚫어 볼 수 있을 뿐 만 아니라, 오히려 적으로 하여금 과오를 일으키도록 만들 수 있는 기만을 달성하여 승리를 가능하게 하는 것이다. 또한 전투상황의 흐름을 미리 예측하고 준비하며, 상황을 읽고 적절한 조치를 부여함으로써 항상 승리를 보장하는 지혜를 발휘하는 것이다. 따라서 지혜를 갖춘 지휘관은 결코 자기 부하를 죽음의 구렁텅이로 몰아넣지 않고 승리하는 것이다.

* 지혜를 얻은 자와 명철(明哲)을 얻은 자는 복이 있나니 이는 지혜를 얻는 것이 은을 얻는 것 보다 낫고, 그 이익이 정금보다 나음이니라. 지혜는 진주보다 귀하니 너의 사모하는 모든 것으로 이에 비교할 수 없도다. 그 우편 손에는

장수가 있고 그 좌편 손에는 부귀가 있나니 그 길은 즐거운 길이요 그 첩경은 다 평강이니라. 지혜는 그 얻은 자에게 생명나무라 지혜를 가진자는 복되도다. (잠언 3장 13절 ~ 18절)

○ 지피지기(知彼知己)

손자는 "적을 알고 나를 알면 백전백승하고, 나만 알고 적을 알지 못하면 이기거나 질 승산이 같아지며, 적과 자신을 모두 알고 있으면 모든 전쟁에서 항상 승리할 수 있다"했다. 이것은 지피지기(知彼知己)의 중요성을 설파한 것이다. 전쟁에 지휘관은 항상 자신의 어려움을 직시하는 것은 물론이고, 적은 언제든지 예상치 못한 방향과 방법, 시간에 공격해 올 수 있다는 사실을 잊어서는 안 되는 것이다.

따라서 지휘관은 모든 작전을 수행할 때, 자신이 하고 싶은 것보다는 예상되는 적의 행동을 더 생각해야 한다. 또한 적을 과소평가해서는 안 되고, 적의 방해로 발생할 어려움과 장애를 미리 알아내기 위해 적의 입장에서 숙고해 보아야 하는 것이다. 만약 세세한 모든 부분까지 예상도 못하거나 장애를 극복할 방법을 생각해 내지 못할 경우, 아주 사소한 사건 하나만으로도 계획은 물거품이 될 수도 있는 것이다.

손자는 전쟁을 시작하기 전에 어느 편이 승리할 것이고 어느 편이 패배할 것인지 예측할 수 있다고 했다.[69] 많은 계산을 통해서, 승산이 많으면 이길 수 있고, 승산이 적으면 이길 수 없는 것이다. 그런데 아무런 계산도 하지 않는 사람에게 이러한 승산이 도대체 있기나 하겠는가? 적의 상황을 정확히 파악하고 병력을 집중하면 적을 이기기에 충분하다. 사려가 깊지 못하고 적을 과소평가하는 자는 반드시 적에게 당하게 될 것이라고 했다.

전쟁에서는 적의 약점에 나의 강점을 지향하고, 작전에서는 적의 힘과 나의 힘을 비교하여 일정한 지점에서 우세한 힘을 집중하여 사용해야 하기 때문에 나의 힘을 객관적으로 파악하는 것도 적의 힘을 파악하는 것 못지 않게 중요하다. 물론 이 중에 가장 어려운 것은 적을 파악하는 것이다. 또한 나의 힘에 대해서도 과대평가하거나 과소평가해서는 안된다. 냉철하게 자신을 파악하는 것이 중요하다. 따라서 용병에서 필수적으로 중시해야 할 것은 적과 나를 객관적으로 파악하는 것이다. 그래서 손자는 제3「모공」편에서 "적을 알고 나를 알면 백번 싸워도 위태롭지 않다"고 했다.[70]

---

69) 노병천,「손자병법」(서울: 양서각, 2005), pp.25~30.
70) 김광수 외,「군사사상사」(서울: 도서출판 황금알, 2006), pp.23~24.

○ 결단력

영국의 몽고메리 원수는 “장교가 우유부단하고 머뭇거리면 사태를 위험하게 만들고, 총사령관이 우유부단하면 이는 범죄에 해당한다”고 했고, 독일의 롬멜 원수도 “대담한 결정은 성공을 향한 최상의 지름길이다”라고 했다. 특히 선택의 여지가 없는 어려운 상황에서 올바른 결정을 내리고 결단력있게 행동해야 하는 것이 지휘관의 일이다.

우리의 일상적인 삶에 일어서도 수없는 결정을 하며 살아가고 있다. 중대한 사안이 때로는 결정이 어려운 경우가 있고 그것도 일정한 기간 내에 빨리 하지 않으면 안 되는 경우가 있다. 그러나 전장에서의 지휘관의 결정은 때로는 수많은 부하들의 생명과 전투의 승패가 걸릴 경우가 있다. 이 때 어떻게 해야 하는가? 그럴 경우에 롬멜은 결정하는 사람은 대담해야 하고 대담한 결정이 성공으로 이끈다고 조언했다.

“올바른 결정을 내리는 것보다 더 어려운 일은 없고 이보다 더 소중한 일은 없다”고 나폴레옹은 말했듯이, 지휘관은 항상 지휘권을 걸고 중대한 결심을 내려야 하며, 그것의 성공 여부는 수많은 부하들의 생명과도 연결되고, 때로는 국가의 운명과도 직결될 수 있는 것이다. 따라서 장교는 항상 상황을 유지하고 결심을 준비하고 있어야 하고, 만약의 경우에도 대비해 나가야 하는 무거운 책무를 안고 있는 것이다.

지휘관은 참모들의 조언과 판단을 기초로 하면서도 항상 최종 결심은 자신이 해야 하는 것이다. 그러기 위해서는 사태를 장악하고 주도권을 발휘할 수 있도록 하며, 상하 인접부대간 또는 참모부간의 협조와 조화 속에 최선의 방책을 선택해야 하는 것이다. 그러나 일단 결정을 내렸으며, 망설이거나 주저하지 말고 그대로 추진해 나가야 하는 것이다. 우리가 일상생활에서도 흔히 부딪치는 양자택일의 순간이 오면 절대 시간을 낭비하지 말고 결정을 내리는 결단력이 필요한 것이다.

○ 집중과 절약

한정된 병력이나 자원으로 적과 대적하여 승리하기 위해서는 결정적인 시간과 장소에 적보다 우세한 전투력을 집중할 줄 알아야 한다. 전쟁에서 승패는 결정적인 시간과 장소에서 상대적인 전투력의 우열에 따라 결정되기 때문이다. 비록 우군의 전투력이 적과 대등하거나 열세하더라도 적의 약한 지점에 아군 전투력을 적시적으로 집중하면 그 지점에서 상대적 우세를 달성함으로써 승리할 수 있는 것이다.[71)]

---

71) 제1차 세계대전시 영국과 프랑스는 탱크를 보병사단에 분산 배치했지만, 독일은 탱크를 한 지점에 집중시킴으로써 대규모의 우위를 달성할 수 있다고 구데리안은 지적했다. 과연 1940년 5

이러한 원리는 일반 사회에서도 마찬가지이다. 항상 제한된 자원으로 경쟁에서 이기기 위해서는 자원과 노력을 집중할 줄 알아야 하는 것이다. 또한 평시 부대관리나 운영에 있어서도 지휘관은 부대활동의 목표를 설정하고 그 목표에 부대의 자원과 노력을 집중해야 성과를 이룩할 수 있는 것이다. 모든 분야에서 최선을 다하는 것도 중요하지만, 부대의 역량을 고려하여 부대의 노력을 어느곳에 집중하는 묘를 발휘하는 것이 필요하다. 모든 분야에 항상 최고가 되겠다는 과욕은 버려야 한다는 것이다.

절약은 집중을 달성하기 위한 전제조건이라고 할 수 있다. 결정적인 시간과 장소에서 큰 승리(성과)를 얻기 위해서는 부차적인 방면에서는 최소한의 자원을 할당하는 것이 필요하다. 부차적인 방면에 무방비가 되어 불의의 기습을 당해서는 안 되겠지만 의도하는 방면에서 최대한의 승리(성과)를 얻기 위해서는 부차적인 방면에 필수적 최소한의 자원을 운용하는 모험도 할 줄 알아야 한다.

제1차 세계대전시 독일군의 몰트게 장군은 슐리펜이

월 10일에 시작된 독일과 연합군간의 서부전선 작전은, 독일이 연합군보다 훨씬 적은 병력과 탱크를 가지고도 불과 6주 만에 영국과 프랑스를 물리쳤다. 당시 연합군의 전차 4,000대에 대해서 10개 전차사단의 2,600대의 탱크와 공군의 스투카 폭격기가 전부인 독일군 전체전력의 일부만으로 이와 같은 대승리를 거두었다. Bevin Alexander 저, 김형배 역, 「위대한 장군들은 어떻게 승리하였는가(How Great Generals Win)」 (서울: 홍익출판사, 2001), p.309.

작성한 전쟁계획을 대폭 수정함으로써 초전부터 독일의 패전을 초래하였다. 즉, 슐리펜 장군은 독일이 당면한 양면전쟁에서 먼저 프랑스를 굴복시키고 신속히 병력을 동부로 집중하여 러시아에 대처한다는 기본개념아래 서부전선에서 우익을 좌익보다 7:1의 비율로 집중하여 파리 서남방으로의 대우회 포위와 국경지대에서의 섬멸을 계획했으나, 소심한 몰트케 장군은 슐리펜의 집중을 대폭 수정하여 서부전선에서 우익과 좌익을 3:1의 비율로 약화시킴으로써 초기전쟁 서부전선에서부터 꼬이기 시작했던 것이다.

○ 권한의 위임

군대는 조직을 통하여 임무를 수행한다. 결코 지휘관 혼자 힘으로 임무수행이 가능한 것이 아니다. 부하들에게 권한을 위임하는 방법을 배워야 한다. 그렇지 않으면 결국 당신은 지쳐 쓰러지고 만다. 따라서 지휘관 혼자 감당할 수 없는 임무를 혼자 맡아서 모든 것을 다 하겠다는 것은 어리석은 생각이다. 지휘관은 자신의 권한을 다른 사람에게 위임하고 일을 맡길 수 있어야 한다. 그러나 이것을 책임까지 떠넘긴다는 뜻은 아니다. 권한 위임의 핵심은 책임감이다. 따라서 책임감을 결여한 권한위임은 위험하고 무의미하다.[72]

다른 사람들을 신뢰하지 못하고 그들의 판단을 믿지 못하는 사람은 오랫동안 지휘관의 자리에 있을 수 없다. 그러한 사람은 자기가 초래한 과중한 노고와 긴장 때문에 곧 쓰러지고 만다. 전쟁이란 하루 이틀에 끝나는 것이 아니라 짧아도 며칠 혹은 몇 주, 길게는 몇 개월 또는 몇 년이 걸리기도 한다. 인간은 며칠만 주야로 일을 강행하면 판단이 마비되고 체력이 소진되어 쓰러지고 만다. 따라서 권한의 위임은 때로는 불가피한 것이다.

그리고 지휘관은 평소부터 부대업무를 수행하는데 있어서 참모조직을 최대한 활용하여야 한다. 그리고 필요시 부지휘관이나 참모장을 적절히 활용하여 업무를 나누고 권한을 위임하기도 하여야 한다. 만일 평소부터 이러한 훈련이 되어있지 않은 부대조직은 유사시 대비하는데 큰 문제점에 직면하게 되거나 지휘관이 지쳐 쓰러질 것이다.

1967년 6일전쟁과 1973년 10월전쟁에서, 이스라엘 주력부대를 이끌고 이집트군과 싸웠던 「샤론」 장군은 종종 최전방에 부하들을 내보내기도 하고, 일선 부하 사령관들에게 어떤 임무를 맡기면 그들의 능력을 믿고 웬만하면 간섭을 하지 않았다고 한다. 평소부터 부하직원들을 잘 훈련시켜서 마음 놓고 그들에게 권한을 위임할 수 있다면, 세부적인 일은 전적으로 신임하는 참모에게 맡김으로써

72) Grodon R. Sullivan & Michael V. Harper저, 강미경 역, 위의 책, p.101.

지휘자는 보다 중요한 사안에 관심과 노력을 집중함으로써 승리를 향해 한발 더 나아갈 수 있게 되는 것이다.

삼국지를 읽다 보면, 손권이라는 인물은 조조처럼 강렬한 개성도 가지고 있지 않았으며, 유비와 같은 인덕도 없었으나 결코 범상한 그릇은 아니었다. 그렇지 않으면 군웅이 할거하는 세상에서 지방정권에 지나지 않는 오나라를 3대 강국의 하나로 길러낼 수 있었겠는가? 대세를 쥐고 흔들만한 재능이 없는 손권이 이토록 위대한 왕자가 된 까닭은 바로 부하에 대한 굳은 신뢰와 인재육성에 있었던 것이다. 자기에게 능력이 없더라도 부하를 신뢰하고, 우수한 인재를 길러 손발처럼 쓰면 되는 것이다. 자기만을 믿으며 무엇이든 자신이 직접 하지 않으면 직성이 풀리지 않는 사람은 부하를 주눅 들게 만들고 조직의 흐름을 막는 것이다.[73]

마지막으로 중요한 점은, 앞에서도 언급했듯이 권한을 위임했다고 책임까지 위임했다는 뜻은 아니라는 사실이다. 이 말의 의미는 이렇다. 일이 제대로 진행 된다면 당신은 그 일을 처리한 사람을 전적으로 신임할 수 있다. 하지만 일이 제대로 처리되지 못했다 해도 당신은 권한만 위임한 것이지 책임까지 떠맡긴 것은 아니다. 그래서 일이 잘못 되었다면 그 책임은 당신에게 있다는 걸 인정하고

---

73) 노중호, 「삼국지 용병학」(서울: 중명출판사, 2002), p.242.

다른 사람을 탓해서는 아니 되는 것이다.

○ 인내심

인내심은 지휘자나 병사에게 모두 필요한 것이다. 그것은 정신적인 인내심일 수도 있고 육체적인 인내심일 수도 있다. 이중에 정신적인 인내심은 특히 지휘관에게 더욱 필요한 덕목이다. 적과 대치된 상황에서 적과 전투를 수행할 때, 지휘관은 인내심을 발휘하여 적의 유인전술에 말려들지 말아야 한다. 지구전을 벌일 때, 적은 그것이 자신에게 불리하면 접전을 유도할 것이다. 이러한 적의 유도전술에 말려들어 적의 의도대로 작전에 말려들어서는 안 되는 것이다.

육체적인 인내심은 주로 병사에게 많이 필요하기는 하지만 장교에게도 필요하기는 마찬가지다. 장교가 모범을 보이기 위해서라도 인내심은 반드시 필요하다. 나폴레옹은 인내심에 관하여 "군인의 제일의 덕목은 피로를 견디는 인내심이다. 용기는 그 다음의 덕목이다."라고 했다. 2차 대전시 미군의 맹장 패튼은 "훈련으로 1파운드의 땀을 흘리면, 전쟁에서 1갤론의 피 흘림을 막을 수 있다."고 했는데 그것은 강인한 훈련의 고통을 참고 견뎌야 한다는 것을 의미하는 것이다.

고된 훈련에 적응하도록 훈련을 계속함으로써 이렇게

해서 키운 여분의 힘은 언젠가 깊은 수렁에 빠졌을 때, 헤쳐 나오는 힘이 되는 것임을 명심해야 하는 것이다. 그것은 또한 전쟁 중에는 개개인의 능력 이상을 요구하며 군대를 이끌어야 할 경우가 많기 때문이다. 전쟁에서 패하는 가장 빠른 방법은 고된 훈련을 충분히 받지 못한 군대를 이끌고 가는 것이라고 어느 장군은 말했듯이 강인한 훈련으로 인내력의 극한 상황을 체험시키는 것이 반드시 필요한 것이다.

○ 열 정

오늘날 인류가 누리고 있는 고도의 문명은 과거 역사속의 수많은 선인들의 문명적 열정이 모여서 이룩된 결과이며, 지금 우리 한국이 이룩한 철강, 전자, 조선 등 세계적 굴지의 산업능력은 과거 70년대를 전후한 산업화 세대들의 근대화 열정에 의하여 이룩된 결과들이다. 어느 것 하나 열정에 의하여 이룩된 결과들이다. 어느 것 하나 열정 없이 과연 이것들이 오늘날 존재할 수 있었을까? 하고 자문해 보면 답은 분명히"불가능 하다"는 것이다.

전쟁에서도 마찬가지다. 1789년 프랑스 혁명이후 나폴레옹과 프랑스 국민의 열정 없이 나폴레옹 제국의 건설이 가능했겠으며 시저나 로마인의 열정 없이 대로마제국의 건설이 가능했겠는가? 결국 모든 것은 지도자와 그를 따르는 자들의 열정으로 이룩되었고, 그들의 열정이 식었을 때, 나폴레옹 제국도 로마 제국도 사라지고 말았던 것이다. 이와 같이 열정은 불가능을 가능케 하는 무한한 힘과 능력을 발휘하는 것이다.

열정은 어떤 임무나 목표를 반드시 이룰 수 있다는 불굴의 의지를 일으키는 강력한 원동력이다. 전쟁에 승리하기 위해서는 이러한 열정을 지휘관이 갖고 있어야 하고, 지휘관은 자신의 열정을 병사들에게 전달하고 불러 일으켜야 한다. 그것은 좋은 예로 이탈리아 원정군 사령관 나폴레옹이 프랑스 장병들에게 불러 일으켰던 승리에 대한 열정이 바로 그러한 것들이다. 그것은 모든 군사들의 마음을 하나로 합하여 그들의 열정에 불을 당길 수 있다면 군대의 사기는 하늘이라도 찌를 수 있다는 것을 가르쳐 주는 것이다.

어떤 빈틈없는 비평가들은 어떤 군대의 성공이유를 전략, 부대의 형태, 속도, 지리적으로 유리한 위치, 지적능력 또는 포병대 등 여러 부분에서 찾는다. 이는 틀린 말은 아니지만 핵심적인 이유는 아니다. 군대의 성공비밀은 지치고 발이 아픈 군인들을 일어서게 하고, 고통을 잊고 진군하게 만드는 군인으로서의 열정과 정신력에 있다고 패튼 장군은 말했다.[74] 요컨대, 모든 군사들의 마음을 하나로

74) William A. Cohen 저, 안충준 역, 위의 책, p.83.

합하여 그들의 열정에 불을 당길 수 있다면 당연히 승리할 수 있을 것이다.

○ 풍부한 상상력

맥아더 장군은 "위대한 지도자에게 가장 필요한 특성은 상상력이다."라고 말했고, 아이젠하워 장군은"상상력이 없으면 승리도 없다."고 말했다. 상상력은 인간만이 가질 수 있는 고유한 능력이고 인간의 이러한 능력이 문명과 문화를 창조한 원동력이 되었던 것이다. 인간의 날고 싶은 상상력이 비행기를 만들었고 먼 곳까지 자신의 의사를 전달하고 싶은 상상력이 무전기와 전화를 만들었던 것이다.

상상력은 무(無)에서 유(有)를 창조하는 기초적인 그림이고 구상이다. 상상력은 우리 자신에게, 또는 중요한 조직을 이끌 때나 참모의 지위에 있을 때를 불문하고 없어서는 안 될 중요한 사항이다. 이러한 상상력은 군사 작전에 있어서는 더욱 없어서는 안 될 중요한 사항이다. 군사 작전에 있어서 승리는 마음에서 시작하는 것이며, 실제로 싸우기 이전에 마음으로부터 승리할 때 가능한 것이다. 상상력 없이는 어떠한 군사작전도 승리할 수 없는 것이다. 따라서 장교는 풍부한 상상력을 개발하고 어떠한 상황에서도 그러한 상상력을 통하여 문제해결의 돌파구를 마련하고 문제점을 극복해 나가야 한다. 그래서 참모훈련을 실시할 때도 반드시 그들에게 상상력을 키워주고 이를 폭넓게 운용할 수 있는 능력을 개발시켜 주어야 한다. 특히 넓은 지역에 배치된 대군을 지휘할 때 지도자에게 상상력은 더욱 필요불가결한 것이다.

전쟁원칙에서 강조하고 있는 창의의 원칙이란 것도 결국 지휘관의 상상력을 다른 말로 표현한 것에 다를 바가 없다. 전쟁에서 승리하기 위해서는 예상하거나 예상하지 못한 각종 상황변화에 따라 작전수행과 각종 수단의 운용을 적절히 할 수 있는 사고력과 풍부한 상상력을 구사할 수 있어야 하는 것이다. 적이 뻔히 예상할 수 있는 평범한 행동으로는 작전의 성공을 보장하기 어렵기 때문이다.

지휘관은 변화하는 상황에 따라 발생하는 기회를 활용하고 적을 예상하지 못한 방법으로 기만과 기습을 달성함으로써 작전에 있어서 성공의 가능성을 증대시켜야 한다. 그렇게 하기 위해서는 풍부한 상상력을 발휘하여 창의적인 작전방법을 부단히 개발해야 한다. 뿐만 아니라 공격이나 방어 후퇴이동, 추격 등을 실시할 경우 예상되는 각종 상황을 예상하여 치밀하게 대응하지 않으면 적의 계략에 빠져 곤경에 처할 수도 있으므로 항상 풍부한 상상력과 예측력을 발휘하여 작전에 임해야 한다.

○ 끈기

최후의 5분이 중요하다. 극한상황이 계속되는 전투는 물론이고 어떤 일이든 하다보면 어려운 일이 생기기 마련이다. 때문에 끝까지 포기하지 말고 최후의 일분까지 계속 싸워 나가는 끈기가 없이는 결코 승리할 수 없는 것이다. 내가 죽도록 힘이 들면 적도 마찬가지로 힘이 들기 마련이다. 그럴 경우에는 먼저 포기하는 측이 지게 되어있는 것이다.

미국의 독립전쟁시 워싱턴이 이끄는 아메리카 독립군은 1776년부터 1783년까지 민병대 수준의 보잘것없는 병력으로 당시 세계 최고의 전력을 자랑하던 대영제국에 맞서 7년간에 걸쳐 끈질긴 투쟁을 벌여 결국 독립을 쟁취했고, 베트남 독립전쟁시 호치민이 이끄는 북베트남군은 끈질긴 투쟁으로 제1차 베트남 전쟁에서 프랑스군을 패배시켰고, 제2차 베트남 전쟁에서 세계 최강의 미국을 패배시켰다. 이에 비하여 남베트남군은 그들의 막강한 군사력에도 불구하고 제3차 베트남 전쟁에서 단숨에 무너지고 말았던 것은 좋은 교훈이 된다.

청일전쟁의 경우를 보더라도 성환 전투에서 어이없이 패배한 청군은 평양 전투에서 사태가 결코 청군에게 불리하게 전개되지 않고 있음에도 불구하고 사태를 비관적으로 생각하여 스스로 성문을 열어주고 백기를 내걸고 퇴각하다가 그것을 청군의 흉계로 생각하던 일본군의 역습으로 대패하였다. 이와 대조적으로 러일 전쟁시 일본군은 여순 요새공격에서 수많은 희생을 겪으면서도 결코 포기하지 않고 끈기있게 공방전을 전개하여 제3차 공격에서 여순 요새를 함락시켰다. 이 전투에서 일본군은 약 1만 7,000여명의 피해를 입었던 것이다. 결국 이것은 누가 끈기가 있느냐의 싸움이었다.75)

○ 책임감

장교는 언제나 책임을 피할 생각은 하지 말아야 한다. 부대 내에서 생긴 사건의 모든 책임은 지휘관이 져야 한다. 또한 우리는 간혹 조직내에서 일어나는 모든 일에 대해 절대적이고 궁극적인 책임을 지려는 지도자들을 만나게 된다. 그러나 지도자의 역할은 책임을 지는데 있다기보다는 책임을 부여하는 데 있다. 지도자는 자신의 행동에 책임을 지는 한편, 독립적인 행동을 취할 수 있는 부하들을 만들어 내야 한다.76)

지휘관은 실제로 책임이 자신에게 있는지 여부를 떠나 항상 패배의 원인은 자신에게 돌리고 승리의 영광은 부하들에게 돌려야 부하들이 상관을 존경하고 따르며 충성을 한다. 만일 그렇게 하지 못하고 이와 반대로 패배의 책임을 부하들이나 주위에 돌리고, 승리의 영광을 자기가 차지

---

75) 온창일, 「한민족 전쟁사」 위의 책, pp.176~181.

76) Grodon R. Sullivan & Michael V. Harper저, 강미경 역, 위의 책, p.101.

하려 한다면 부하들은 상관을 경멸하고 충성을 하려 하지 않을 것이다. 이것이 지휘자로서의 가장 크고 우선되는 책임감인 것이다.

그리고 부하들이 작전간 곤경에 빠져 있을 때, 지휘자는 그들을 구해줄 책임을 가져야 한다. 만약 이러한 경우에 부하들을 지켜주지 못하면, 지휘자가 어려울 때 부하들은 지휘자를 구하려 하지 않을 것이다. 그러므로 자기 자신보다 군사들을 먼저 돌보는 것이 모든 장교들의 우선적으로 가져야할 최고의 책임감인 것이다. 지도자는 임무를 완수했느냐, 못했느냐에 관계없이 그의 조직과 회원에 대한 모든 책임을 져야 한다.

○ 계획성과 준비성

전쟁에서 계획없이는 승리할 수 없다. 동서고금의 위대한 전쟁에서 계획없는 작전이 없었으며 계획없는 작전이 성공한 적은 없었다. 계획은 세부적으로 확실하게 세워야 성공의 가능성은 그만큼 높아지는 것이다. 물론 세부적인 계획을 일일이 세울 시간이 없을 경우도 있다. 그러나 이럴 때를 준비하여 지휘관은 미리 준비하고 대비해야 하는 것이다. 그것은 전쟁이나 사업이나 마찬가지이다.

무슨 일이든지 일을 시작하기 전에 계획을 세워야 하며 그 계획은 그와 관련된 정보와 판단에 기초하여 구체적이고 논리적으로 수립되어야 성공을 뒷받침할 수 있게 된다. 계획에는 목표와 목적을 명확히 하고, 그 목표에 도달할 수 있는 방법이나 방안이 구체화되고, 만약의 경우에 대비한 우발계획이 마련되어야 한다. 적의 상황과 자신이 처한 상황을 분석함으로써 상황에 맞는 목표가 세워지고 극복해야 할 문제를 미리 예견하여 대비함으로써 목표의 성공 가능성을 증대시켜야 하는 것이다.

그러나 계획은 전쟁이나 작전을 시작하기 전에 어떻게 싸울지 미리 결정하는 것이지만, 계획은 어디까지나 계획일 뿐 상황의 변화에 따라 적절한 융통성을 가져야 한다. 아무리 좋은 계획이라도 이를 시의적절하게 적용하지 않으면 성공을 보장할 수 없다. 주변 상황은 끊임없이 변하는 것이며, 예상하지 못한 사건이 발생하기도 하고 예상되었던 일이 일어나지 않는 경우도 있기 때문이다.

그러함에도 불구하고 계획은 잘 세워야 하는 것이다. 무슨 일이든 시작할 때 계획이 잘 세워지면, 도중에 상황이 다소 바뀌더라도 대처하기가 용이하고, 그러한 측면에서 우발계획이 잘 준비되어 있으면 그 시행이나 적용이 용이하게 되는 것이다. 그러나 완벽한 계획을 준비하기 위하여 지체함으로써 시기를 상실해서는 안 된다. 시기를 놓친 우수한 계획보다 다소 미흡하더라도 시의적적한 것이 나은 것이다.

적에게 어떤 기회도 남겨 두지 않겠다는 나폴레옹의 말

에서 그의 성공의 비밀을 엿볼 수 있다 시험에서 형편없는 점수를 받은 학생들도 사실 공부를 하기는 한다. 하지만 그들은 시험에 나오지 않을 것 같다고 추측한 부분은 무시해 버리고 나올 것 같은 부분만 열심히 공부한다. 이렇게 시험에 낙제할 여지를 너무 많이 남겨 놓으면 시험을 제대로 준비했다고 볼 수 없다. 성적이 우수한 학생들은 모든 부분들을 다 공부하고 준비하기 때문에 더 좋은 점수를 받는 것이다. 나폴레옹의 말처럼 실패할 여지를 남겨 두어서는 안 된다.

* 상황이 변할 수 있다는 점을 고려하여 어떠한 결정을 내릴지 가능한 방법을 모두 생각해 두어야 한다. 이렇게 사태의 추이에 따라 계획대로 작전을 진행하면 당신은 천재라고 칭송받을 것이다, 그러나 이는 미리 준비한 노력의 결과일 뿐이다. (프랑스 육군 원수, 페르디난 포쉬)

* 내가 철저한 예방조치를 취하는 이유는 적에게 어떤 기회도 남겨놓지 않겠다는 내 습관 때문이다. (프랑스 황제, 나폴레옹)

* "준비한 사람은 성공하고 준비하지 않은 사람은 실패한다."는 말처럼, 미리 계획하고 준비하지 않으면 전쟁에서는 절대 승리할 수 없다. (중국 혁명군 지도자, 마오 쩌 뚱)

○ 훈련

"군대에 있어서 최상의 복지란 최고 수준의 훈련이다. 왜냐하면 훈련만이 불필요한 사상자를 줄일 수 있기 때문이다."라고 롬멜은 말했다. "군대의 장병들이 신체적으로 강하게 단련되어 있지 않고 훈련이 부족하다면, 아무리 좋은 무기를 가지고 위대하고 유능한 지도자가 지휘한다 해도 효과적인 전투부대가 될 수 없다."고 미 육군의 리지웨이 대장은 말했다. 이러한 말은 훈련의 중요성을 강조한 말로서는 너무나 인상적인 말이다.

훈련이란 어떤 분야이든 그 목적을 달성하기 위하여 직면하게 되는 어려운에 대처할 수 있도록 준비하는 것을 뜻한다. 특히 "군대란 조직은 제대로 훈련되지 못한 요원을 썼을 때, 다른 어떤 직업보다 더 가혹하고 혹독한 형벌을 가한다."고 맥아더 원수는 강조했다. 훈련이 부족한 전투원은 어떠한 임무도 제대로 수행하기 힘들다. 상대적인 싸움에서 적보다 우수하고 강한 군대만이 승리할 수 있으며 그러한 능력은 강인한 훈련으로 병사들이 단련될 때 보장될 수 있는 것이다.

따라서 진정 부하를 사랑하는 지휘관이라면 평시에 강한 훈련을 시켜서 일단 유사시 그들이 적과 싸워 이겨서 살아 남도록 해야 하는 것은 말할 것도 없다. 힘이 든다고 적당히 봐주면서 훈련을 적당히 시키는 것은 결국 부하들을 사지로 몰아넣는 행위에 불과하다. 군대의 진정한 사기는 강인한 훈련과 그를 통한 고도의 전기능력에서 나오는 것임을 지휘관은 명심해야 하는 것이다.

○ 유머감각

"유머감각은 지도자가 갖추어야 할 덕목중의 하나로, 사람들과 잘 어울리고 임무를 수행하는 데 필요한 요소이다."라고 아이젠하워 장군은 말했다. 유머감각은 지도력을 행사하는데 있어서도 효과적이며 필요한 요소라고 보아야 한다. 특히 높은 지위에 있는 사람은 유머감각은 그의 인간적인 면을 부각시키며 친화감을 증대시킨다. 코미디언이 될 필요는 없지만 어느 정도의 유머감각은 장교가 갖추어야 할 자질 중에 금상첨화라 할 수 있을 것이다.

몽고메리 원수는 "냉정하고 비인간적인 방법으로 인간적인 요소에 접근하면 아무것도 얻지 못한다."고 말했다. 또한 대인관계에서 지나치게 엄격하면 거부감을 안겨주기 십상이다. 그리고 생사를 가름하는 긴박한 전투상황에서 지휘자의 한마디 유머는 부하들에게 보여줄 수 있는 여유감과 안정감을 실어줄 수도 있는 것이다.

○ 노력

"전쟁에서 성공하겠다는 노력은 성공 다음으로 중요한 요소이다."라고 클라우제비츠는 말했다. 인간에게는 완벽한 성공을 방해하는 본능적인 성향이 있다. 이러한 성향은 이미 이겼을 때나 반쯤 성공했을 때 나타나는데, '이쯤해서 그만하고 쉬고 싶은'생각이 그것이다. 장교는 이러한 성향을 이겨 내야 한다. 모든 상황은 끝나기 전에는 끊임없이 변화하며 끝나고도 변화할 수 있기 때문에 한번 시작한 것은 끝까지 마음을 풀지 말고 마무리 지어야 하는 것이다.

좋은 사례로 1800년 5월 마렝고 전역에서 나폴레옹은 전투개시 전에 이미 승리가 결정되었다고 보았다. 나폴레옹은 험난한 알프스 산맥을 넘어 멜라스 군을 대우회하여 병참선을 차단하는 전략적 기동에 성공하였기 때문이다. 나폴레옹에게 남은 문제는 승리를 확인하기 위한 전술적 기동만이 남았을 뿐이었다. 그런데 상황이 이렇게 유리함을 과신한 나폴레옹은 멜라스 군을 경시하여 병력을 분산한 채로 전진하다 멜레스 군의 기습적인 공격을 받아 한때 위기에 직면하였다. 그러나 70세의 노령인 멜라스 역시 초전의 승리에 도취되어 있다가 다시 프랑스군의 역습을 받아 패배한 사실은 좋은 교훈이 된다.

그래서 방심이나 자만은 금물이다. 그것은 노력과 발전을 중지시키기 때문이다. 이미 이루어 놓은 것에 자축하는 순간 실패가 시작되는 것이다. 지나간 성취에 의미를 너무 크게 부여하지 않는 태도는 현재의 문제해결 뿐만 아니라 다가올 문제를 해결하는 데도 크게 도움이 된다. 왜냐하면 늘 진지하게 긴장감을 유지하다보면 미처 보지 못했던 문

제들까지 드러나기 때문이다.77)

평상시 부대관리와 지휘에 있어서도 지휘관은 '농부가 농사짓는 자세'로 성실히 부대관리에 임하고 정성을 다하여 부대를 지휘하여야 한다. 부대지휘의 성공은 결코 요행으로 이루어 질 수 없으며 오로지 지휘관의 성실한 노력과 끊임없는 노력을 통해서만 가능한 것이다. 소대장의 경우를 예를 들면, 자기 소대원 한 사람 한 사람의 신상파악을 끊임없이 해 나가면서 그들의 애로사항을 짚고 해결해 나가는 노력이 기본이 되어야 하는 것이며 또한 이러한 노력을 중단해서도 안 되는 것이다.

○ 사기

사기는 임무수행에 대한 전투원 개인 또는 부대의 정신적, 심리적 상태로서 전투력의 효과를 극대화시켜 전승에 기여하는데 필수적인 요소이다. 사기는 지휘관을 핵심으로 전 부대원이 합심하여 동일 목표로 지향하려는 확고한 사명감과 생사를 초월하여 부여된 임무를 수행하려는 전투의지로 나타난다. 사기가 저하된 부대는 전쟁에서 승리할 수 없으므로 지휘관은 왕성한 사기를 유지할 수 있도록 노력하여야 하며 적의 사기를 저하시키는 방법도 연구

---

77) 안철수, 「CEO안철수, 영혼이 있는 승부」(서울: 김영사, 2001), pp. 280~281.

하여야 한다.

사기는 전쟁을 성공으로 이끄는 가장 중요한 요소다, 그래서 조미니(Jomini)는 "군대의 사기가 꺾여 있으면 아무리 훌륭한 전술을 써도 성공할 수 없다."고 사기의 중요성을 강조했다. 사기는 확고한 신념과 용기, 희망을 가진 마음의 상태를 말하며 또한 자신감, 열정, 충성심과 함께 힘을 갖고 끝까지 견뎌서 승리하겠다는 정신력을 뜻한다. 따라서 이러한 정신상태라면 모든 것을 할 수 있지만, 이러한 정신이 없다면 계획, 준비, 행동 모두가 수포로 돌아간다고 미 육군의 마셜 대장은 강조했다.

개인이나 집단이나 사기가 충천하면 능력 이상의 힘을 발휘하여 싸울 수 있다. 사기를 진작시키는 가장 좋은 방법은 부하 군인들이나 직원들이 최고 조직의 일원이라는 확신과 자신감을 갖게 하는 것이다. 따라서 조그만 성공이라도 성공했던 사례를 발표하고 축하하며 장려하는 것이 중요하다. 이렇게 하면 조직 내의 모든 요원들이 성공의 기쁨을 함께 공유하고 스스로 자부심과 자신감을 갖게 된다.

사기는 자기가 속한 조직에 대한 자부심과 사랑, 다시 말하면 애대심 혹은 애국심과 연관된 정신적 자세이다. 따라서 지휘관은 부하 장병들이 평소부터 자기의 지휘관을 존경하고 부대를 사랑하고 소속감과 주인의식을 느낄 수 있도록 만들어야 하며, 동고동락하는 가운데 전우애를 중심으로 굳게 단결하여 하나같이 되어, 죽음을 무릅쓰고 임무를 수행하는 것을 자랑으로 삼도록 만들어야 한다.

○ 의사소통

군대는 조직으로 싸우는 것이다. 10만 병력이 한사람이 움직이는 것처럼 일사분란하게 움직여야 싸워 이길 수 있다. 이것은 결국 의사소통의 최고 상태를 말하는 것이다. 군대는 상하간의 생각과 사고가 하나가 되어야 하며 인접부대와는 협조를 유지하며 전체적으로 하나가 움직이는 것처럼 유지해야 임무를 성공적으로 수행할 수 있다. 이것은 평소부터 훈련과 교육을 통하여 그러한 체제를 만들어야 한다. 독일군의 일반참모제도는 군의 의사소통을 최고의 상태로 유지하기 위한 독일군의 독특한 체제다.

군대조직은 명령과 지시 그리고 복종과 이행으로 일사분란함을 유지한다. 그러나 전투간 통신의 두절이나 불가피한 사정으로 이러한 커뮤니케이션이 작동되지 않더라도 한사람의 생각처럼 움직임을 계속할 수 있는 수준에 도달해야 승리할 수 있다. 제1차 세계대전시 탄넨베르그 전역에서 독일군 제8군 사령관으로 새로 부임되었던 힌덴부르크 장군과 그의 참모장 루덴도르프 장군, 그리고 작전참모 호프만 중령의 의사소통의 조화는 바로 탄넨베르그 섬멸전을 가능하게 했던 것이다. 그들은 서로 이야기 한바가 없어도 같은 생각을 갖고 부대를 같은 방향으로 움직였던 것이다.

이와 대조적으로 제1차 세계대전 초기 서부 전역에서 독일군 제1군과 제2군 그리고 독일군 총참모부와의 의사소통은 최악의 상태로 진행됨으로써 마르느 전선에서 40km의 부대간격을 발생하게 하였으며, 결국 프랑스 6군과 영국군의 역습을 초래하여 후방으로의 전선조정을 불가피하게 만들었으며 서부 전선을 지구전으로 변모시키고 말았던 것이다. 상하급부대간 인접부대간의 의사소통 그리고 협조가 제대로 되지 못하는 작전은 결국 실패를 초래하고 마는 것이다.

* 군대가 아니고 국가 통치 체제나 일반사회 조직도 마찬가지다. 국가 통치가 원활하게 이루어지기 위해서는 통치자와 국민간의 원활한 의사소통이 이루어져야 한다. 새로운 정부가 들어서서 우선적으로 해야 할 일은 이러한 정부와 국민간의 의사소통체제를 확립하는 것이다. 일방적인 통치는 주권재민의 민주주의 정치체제에서는 불가능하기 때문이다.

○ 원칙과 소신

군 지휘관은 고위급 사령관으로 올라갈수록 원칙과 소신을 지키는 것이 필요하다. 왜냐하면 최고 사령부로 올라

갈수록 정치권을 포함하여 사령관의 작전지도나 지휘방침을 간섭하고 제동을 가하는 요소가 많아지기 때문이다. 그럴수록 최고 사령관은 지휘권을 걸고서라도 자신의 원칙과 소신을 고수할 수 있는 신념과 용기가 있어야 한다. 제2차 세계대전시 연합군 사령관을 맡았던 아이젠하워 장군은 그러한 면에서 원칙과 소신을 지키면서 그러면서도 무난한 협조를 달성하여 연합군의 작전을 성공적으로 수행할 수 있었던 좋은 예다. 정치와 군사는 서로 조화되어야 하고 군사는 정치의 수단으로 종속되어야 하지만, 최고 사령관은 정치군인으로서 정치와 군사를 조화시키면서 필요시는 원칙과 소신을 지켜나가면서 전쟁을 승리로 이끌어야 하는 것이다.

이러한 원칙과 소신은 하루아침에 완성되는 것이 아니므로 장교는 모름지기 군생활 전반을 통하여 부단한 학습과 자기완성의 노력을 경주하여 나중에 최고사령관이 되었을 경우 군과 정치와의 조화를 달성하면서 전쟁을 승리로 이끌 수 있도록 준비해야 한다. 충무공 이순신의 생애를 조명해 보면 그 속에서 많은 교훈을 찾아 낼 수 있을 것이다. 충무공 이순신은 군생활 전반을 통하여 항상 원칙과 소신을 갖고 살았던 장교의 귀감이 되는 분이다.

이러한 덕목들 뿐 만 아니라 군의 지도자로서의 장교는 부하를 지휘통솔하고 관리함에 있어서 융통성, 판단력, 가치관, 문제해결능력, 전략, 재치, 주도권, 결속, 실행, 낙천주의, 자신감, 동기부여, 의무, 정의, 실패극복, 행운, 기회

포착, 존경심, 협동심, 위험관리, 변화적응, 의심, 성공과 승리, 등 많은 덕목들이 있으니 장교는 이러한 덕목 함양에 노력해야 한다.

V. 지휘관과 참모, 지휘요체[78)]

1. 지휘관

지휘란 군이 존재해 운영되는 그 순간까지 끊임없이 구사해야 할 기능이다. 이러한 측면에서 볼 때, 군에서 '지휘' 만큼 중요한 기능은 거의 없다. 그리고 지휘관의 책무는 모든 상황을 좌우하고 전승을 획득하는 데 있다. 고로 지휘관에게 반드시 필요한 것은 지휘관으로서의 책임감과 필승의 신념이다. 이와 같은 책임감과 신념은 지휘관의 성격과 부단한 자기수련의 결과에서 나온다. 지휘관의 가치는 이런 책임감과 신념이 상실된 순간에 소멸된다. 지휘관의 최고의 책무는 전쟁의 승리에 있다. 평소 아무리 덕망이 높고 병법에 통달한다 할지라도 적을 이길 수 없는 자는 지휘관으로서의 자격이 없는 것이다. 적을 이기기 위해서는 먼저 부하의 신뢰를 획득하는 동시에 그들에게 확신을 부여해서 그들로 하여금 승리에 대한 열렬한 신념을 갖도록 하여 만난을 무릅쓰고 싸우도록 해야 한다. 생사의 단계에서 만난을 무릅쓰고 과업을 수행하게 하는 것은 신

---

78) 이 내용은 오오바시 다케오 저, 강창구 역, 「통수강령」(서울: 병학사, 1980)의 내용중 핵심적 내용을 요약하여 정리 기술한 것임. 이 내용은 저자가 청년장교 시절 지휘관 및 참모로서의 사고형성에 많은 영향을 주었음을 밝힌다.

념이지 지식이 아니다.

전쟁에 있어서 승리는 계획의 우수성에 있는 것이 아니라 견인불굴의 실천력에 달려 있다. 고로 탁월한 장군은 박학다식한 지식만이 풍부한 장교 중에서는 나오지 않는다. 실전에 있어서의 성공은 지휘관의 학식에 좌우되는 것이 아니다. 중요한 것은 지휘관의 능력이며 이 능력의 근본은 인격이다. 학식은 능력을 결정하는 하나의 요소에 불과하다.79) 몰트케는 중요 지휘관을 천거할 때 황제에게 그 장군의 성격에 결정적 가치를 두어야 한다고 단언하고, 지휘관의 성격은 일반인이 갖춘 것 이외에 자신, 책임관념, 투지, 전승에 대한 의지력이 있어야 한다고 강조했다. 전쟁에 있어서 승리만이 본래의 임무로 되어 있는 지휘관에게 필요한 성격은, 확고한 의지와 실천력이다. 이것이야말로 사람을 지배하고, 상황을 좌우하며, 전쟁의 주인공이 되는 제1요건이다.

자고로 명장이라고 불리운 사람들은 확고한 의지와 용맹하고 강직한 점에 탁월했을 뿐 아니라 덕망도 겸비했음을 간과해서는 안 된다. 그러나 지휘관은 모든 책임을 질 용기가 없이는 부하를 통솔할 수 없다. 하급지휘관에게 그

---

79)'인생은 성적순이 아니다'는 말이 있듯이 사관학교 시절이나 대학시절에 우등생이 반드시 훌륭한 장군이나 지휘관이 되는 것이 아니다. 학식은 단지 지휘관의 능력에 영향을 주는 하나의 요소에 불과하다는 것이다. 그렇다고 공부를 게을리 하라는 것이 아니다.

행동의 자유를 부여했을 경우에도 그 결과에 대한 책임은 항상 상급 지휘관이 지지 않으면 안 된다. 또한 지휘관은 탁월한 전략적 창조력과 식견을 가져야 한다. 전략적 식견은 전술적 능력처럼 평시에 연마하여 과시할 기회가 없고, 또 평시의 전략적 식견은 전시에는 도움이 되지 않아서 태평세월이 계속될수록 전략적 식견이 없는 장군이 나오기 쉽다. 평화시의 민완한 솜씨답지 않게 실전 장에서 실패한 장군들의 공통된 결점은 전장의 추이를 지배하는 기회를 간파하지 못하고 상황의 변화에 좌우되고 사소한 일에 구애되어 대사를 놓친 점에 있다. 장군은 마땅히 분석력과 종합력을 갖추고 경이할 만한 판단력과 통찰력을 가져야 하는 것이다. 이러한 면에서 장군은 적극적이기 보다는 반성적이고, 일면적이기 보다는 전면적이며 열렬하기 보다는 냉정한 두뇌의 소유자가 되어야 한다.

지휘관의 명심사항: 지휘관은 행정업무의 영역을 벗어나서 초연하게 대세의 추이를 바라보며, 마음을 책모와 대국의 지도에 집중하고, 적시 적절히 결단을 내려야 한다. 이 점의 가능여부는 오직 지휘관 자신의 자각과 신념에 달려 있다. 지휘관의 결심을 보좌하고 그 결심을 실행에 옮기는 업무는 참모이하의 직무이다. 지휘관은 참모를 신임하고, 참모로 하여금 참모업무를 원활히 수행하도록 지도하여야 한다. 지휘관은 부단히 부대사기의 정도를 주시하여 그 진작에 힘써야 한다. 지휘관이 참모업무의 권외에

서 초연하게 대강을 파악하기 위해서는, 책임을 두려워하지 않는 용기와 참모를 신임하는 도량을 지녀야 한다. 지휘관은 냉정성과 반석같은 부동의 자세로 참모나 부하를 통일 지휘하여야 한다. 어떠한 경우에도 지휘관은 침착을 잃고 초조해 하여서는 안 된다.

* 장군이 하는 일은 고요하고 그윽해야 한다. (손자)

* 장군은 오직 기무를 다스릴 뿐이다. 난국에 처하여 결단을 내리고 지휘함이 장군 본래의 임무이다. (위료자)

지휘관은 참모, 특히 참모장과는 일심동체가 되어 신임과 신뢰가 두터워야 한다. 제1차 세계대전시 독일군 제8군 사령관 힌덴부르크 장군과 그의 참모장 루덴도르프의 일심동체의 조화는 전사상 길이 남을 탄넨베르그 섬멸전의 결과를 가져오게 했던 것이다. 그리고 지휘관은 부하의 노력을 가장 뜻있게 운용하여, 그들의 노력이 헛되지 않도록 할 책임이 있다. 가장 중요한 시기에 절대적인 노력을 부하에게 요구하기 위해서는, 평소에 가급적 부하의 노력을 경제적으로 사용하여야 한다. 이와 같이 함으로써 비로소 지휘관의 위엄과 덕망은 높아지고 지휘관에 대한 부하의 신뢰심이 더욱 증대된다.

지휘관의 가치는 오직 난국에 처하여 발휘된다. 위급 존망의 시점에 봉착하면, 부하는 지휘관을 주목한다. 그때 지휘관은 여하한 실망이나 비운도 보여서는 안 된다. 그리고 마음속에 굳게 믿음으로써 냉정하고 침착하며 낙관적인 자세로 부하들의 사기를 진작하여 최후의 승리를 얻도록 노력해야 한다. 지휘관이 근심스런 얼굴을 하면, 우군은 신뢰하지 않으며 적으로부터는 깔보이게 된다. 불리한 전황에서도 지휘관의 불타는 정열과 두뇌의 빛으로 부대원의 투지를 불러 일으켜야 한다. 1800년 6월 마랭고 회전에서 패퇴한 프랑스군은 그 소식을 듣고 달려온 나폴레옹이 그 웅자를 나타내자, 다시금 사기충천해서 대승을 거두었던 것이다.

2. 참모

지휘관의 정신을 압박하는 요소의 제1은 중대한 책임이요, 제2는 승리를 다투는 적이며, 제3은 상하급 지휘관의 의사의 자유이며, 제4는 국내의 여론과 때로는 정부의 간섭 등 정치적 요인이며, 제5는 전장의 불확실성이다. 그러한 가운데 참모의 기본임무는 지휘관이 갖는 정신상의 각종 압박을 해방시켜 지휘관이 의사의 독립과 자유를 유지하면서 건전한 판단과 결심을 할 수 있도록 보좌하는 것이다.[80] 따라서 지휘관에게 간언할 용기가 없는 자는 참모

80) 영어에서 '참모(staff)'란 다수의 의미를 내포하고 있는 용어다. 넓은 의미에서의 참모란 군,정부 또는 기업에서 중요한 역할을 수행하고 있다고 생각되는 사람을 옆에서 보조하는 사람들의 집단을 의미한다. 참모와 종복(servants)간에는 약간의 구분이 필요한데, 참모란 업무상 자신의 상관을 보좌하는 사람인 반면,

로서 자격이 없는 것이다.

또한 참모는 지휘관의 의도를 깊이 알아 지휘관의 의도를 구현하고 부대원의 신망을 고양할 수 있도록 혼신의 노력을 다함은 물론, 하의상달과 상하의사의 소통, 그리고 그 맥락을 유지하는 참모책임을 다해야 한다. 참모는 스스로 제반 부대와의 연락에 노력하여 그 현상을 확인하고, 각 부대의 희망과 능력을 명확하게 파악하여 부단히 각 부대를 지원하고 정비를 하여, 지휘관으로 하여금 항상 부대의 맥박을 느낄 수 있도록 보좌해야 한다. 이를 위해 참모는 지휘관과 부대의 신뢰를 얻어야 하며, 그렇지 않으면 그 임무를 달성할 수 없다. 따라서 참모는 언행에 주의해야 한다.

참모는 자료를 정리하여 지휘관의 방침수립에 필요한 건의를 준비하고, 이것을 실행에 옮기는 업무를 처리하며 예하부대의 실시를 감독한다. 참모는 발로 일하는 것이다.[81] 부대에 명령을 하달하고 그것을 지휘하는 것은 지휘관만이 할 수 있는 일로, 참모는 지휘관의 위임이 없는 한

종복이란 전적으로 사적 업무를 도와주는 사람을 의미한다. 군의 참모는 일반참모와 특별참모로 구분된다. 특별참모는 휘하 병과를 지휘하는 문제와 참모장을 조언하는 문제 즉, 두 가지 형태의 역할을 수행한다. Martin van Creveld 저, 김주섭·김용석·권명근 역, 「전쟁에서의 지휘」 (서울: 연경문화사, 2001), p.56.

81) 참모는 책상머리에 앉아 기획이나 하고 지휘관에게 보고나 하는 것이 아니라, 현장에 나가 예하부대의 현실을 확인함으로써 명령 지시의 이행이 상급부대의 의도대로 실시되고 있는가를 항상 점검하여야 한다는 것이다.

부대를 관장할 권한이 없음을 명심해야 한다. 부대의 지휘에 관해서는 일의 대소를 불문하고 참모의 재량으로 실행할 수 없다. 단 후방업무, 정보근무 등은 위임받은 범위 내에서 참모의 재량으로 실행할 수 있다. 일반적으로 지휘는 지휘관의 명의로 된 명령에 의해서 행해지지만, 이것을 원활하게 하는 데는 사령부 참모 상호간의 업무협조가 중요하다. 그러나 항상 명심해야 할 것은, 참모는 결코 지휘관이 아니며, 이것을 혼동하면 부대는 무정부 상태에 빠진다.

* 어떠한 명참모도 지휘관의 결단력 부족을 보좌할 수 없다. (클라우제비츠)

참모장은 제각기 성격이 다른 여러 참모를 통할하고, 원만히 일치 화합시켜 일심동체로 지휘관을 보좌하고 사령부의 권위를 유지하며, 참모업무의 통일을 도모하고 지휘통일을 조성한다. 동일 사령부내에 있어서는 물론이거니와 상하급 사령부에 있어 참모 상호간의 관념의 통일, 업무의 원만한 연계는, 실로 지휘의 통일, 신속한 업무처리의 근원으로, 사령부의 권위를 유지함에 매우 중요하다.

* 대부대의 기동력 발휘는 주로 지휘관의 적시 적절한 결심과 참모업무의 주도성과 통일, 그리고 상호 연계된 실시에 의하여 보장되는 것이다. 그래서 부대의 기동력을 발휘하기 위해서 중요한 것은 참모훈련이다. 1815년 워털루 회전에서 나폴레옹이 기동에 실패한 것은 예하 지휘관은 물론,

참모들의 지휘통일 및 협조에 문제가 있었던 것이다.

3. 지휘요체

정치를 할 때는 국민의 의사 및 이해의 조화와 합의점을 찾아 이것을 기조로 그 운용을 법제화하는 것이다. 그러나 통수권은 이와 달리 최고유일의 의사를 단호히 만인에게 강요하고, 그 생명을 희생으로 하여 적의 기선을 제하여 최단 시간내에 승패를 결정지어야 한다. 그러므로 정치 조직의 취지와 통수체계의 안정 간에는 본질적 차이가 존재한다. 통수권은 순수 단일하게 의사를 단호히 확립하고, 전군이 철저하게 실천하도록 해야 한다. 따라서 통수권의 체계는 간명하고 단순해야 한다.

대부대의 지휘는 복잡하고 번다한 업무가 수반됨으로, 탁월한 지휘자라 하더라도 그 업무와 집행을 직접할 수 없거나 그 성과를 얻을 수 없다. 그러므로 지휘부에는 그 업무수행을 위한 완전한 조직이 필요하며, 특히 적절한 인물을 등용하여 인화를 얻도록 해야 한다. 예나 전투 당시 나폴레옹은 산 또는 언덕의 정상에서 전투장을 내려다보며 개개 전투에 직접 관여하는 방식으로 지휘하였다. 그러나 당시의 전투를 마지막으로 이와 같은 형태의 지휘는 어느 누구에 의해서도 더 이상 가능하지 않게 되었다.[82]

---

82) 현대전의 양상이 과학기술의 발전과 더불어 다차원적이고 동시

인간에게는 자유의사가 있어 자기의 존재를 주장하여 가급적 오래 이러한 상태를 간직하려는 본능이 있다. 지휘통솔은 의사의 자유가 있는 인간으로 하여금 적의 의사의 자유를 탈취하기 위하여 생명을 내던지도록 하는 것이다. 지휘통솔에 관한 학문은 '의사의 자유'와 '죽음'에 관한 것이다. 지휘통솔에 있어서는 '지휘관 자신의 기지의 의사자유'와 '반은 기지이고 반은 미지인 피지휘자의 의사의 자유'와 '전연 미지인 적의 의사의 자유'와의 3요소가 모두 죽음에 직면해서 활동한다는 것을 명심해야 한다.[83)]

통수란 대군의 지휘이다. 적의 자유의사를 구속하거나 파괴하고, 그 자유를 탈취하여 굴복시키는 것은 통수를 위하여 긴요한 심리적 착상이다. 의사의 자유를 가진 적은 전쟁의 이론상 반드시 정석적인 행동으로 나온다고 할 수 없다. 그러므로 지휘관은 적군의 특성을 파악하고, 취해야 할 타당한 행동을 논리적으로 판단하여야 한다. 동시에 사실에 직면해서 감지하는 미세한 징후를 포착하여 전쟁의 원칙에 부적당한 적의 기도나 행동까지도, 적시에 신속하게 통찰하고 간파하는 안목과 식견이 있어야 한다. 적에게

적인 전쟁수행개념이 도입되면서 지휘체계는 더욱 혁신적으로 변화되고 있다.

83) 그래서 불확실성이란 요소는 모든 지휘 체제에서 가장 관심있게 다루어야 할 사항이다. 때문에 군의 지휘구조를 결정하는 과정에서는 불확실성이란 요소가 중요한 역할을 담당해야 할 것이며, 실제로도 그러하다. Martin van Creveld 저, 김주섭·김용석·권명근 역, 위의책, pp.434~435.

의사의 자유가 있음을 망각하고 적의 행동을 나의 주관에 결부시켜 행한 지휘통솔은 대개 실패하기 마련이다. 항상 적에게 의사의 자유가 있다는 점을 고려하여 지휘의 탄력성을 잃지 않아야 한다.

지휘관의 의사는 내외를 불문하고 완전히 자주와 자유성을 발휘하여야 한다. 지휘관의 의사의 자유가 구속된 작전의 대부분이 실패했음은 동서고금의 전사가 증명하고 있다. 지휘관은 승패에 관한 중대한 책임감의 압박을 견디며, 의사의 자주와 자유성을 발휘하기 위해서 필사의 노력을 한다. 이러한 지휘관에 대하여 정부나 의회, 국민의 여론 등이 압박과 구속을 가한다는 것은 '패하라'고 말하는 것과 다름이 없다.

* 군이 나아가지 않아야 됨을 모르면서도 나아가라고 하고, 군이 물러서지 않아야 됨을 모르면서도 물러서라고 하면, 이는 즉, 군을 구속하는 일이다. 군주의 명이라도 받지 않을 것이 있다. 싸움의 길, 반드시 이긴다면(필승이라고 판단했을 때는) 군주가 싸우지 말라고 해도 반드시 싸우며, 이길 수 없다면, 군주가 반드시 싸우라고 해도 싸우지 않는다. (손자 병법)

적에 대해서 지휘관의 의사의 자유를 발휘하기 위해서는, 나폴레옹이나 대몰트케와 같이 적을 과도하게 존경하지 않아야 한다. 물론 경시해도 안 된다. 피지휘자도 지휘관의 의사의 자유를 압박하는 요인이며, 부장의 의사에 끌려서 실패한 지휘관의 예가 많다. 1914년 여름 대불 전역에서 소몰트케가 각군 사령관을 확실하게 장악 통제하지 못했던 사실이나, 1815년 여름 워털루 전역에서 나폴레옹이 예하 지휘관의 무능과 과실로 마지막 재기의 기회를 잃어버린 것도 좋은 예이다.

* 상급사령관이 설사 병법상 지당하고, 전술상 결점이 없는 훌륭한 명령을 하달한다 해도, 그것만으로는 결코 상급 지휘관의 의도대로 움직일 수는 없다. 대부대를 지휘할 때의 고충은 바로 여기에 있는 것이다.

인간은 죽음에 직면하면 냉정한 객관성을 잃고 주관적으로 되어, 가능한 한 의사의 자유를 발휘하려 하고 본능적으로 행동한다. 공세는 다중의 의사를 구심점으로 이끌고, 수세는 이심점으로 활동하도록 하는 특성이 있다. 곤란한 전투에 있어서는 어느 정면의 지휘관이나 모두 '자기 정면의 상황이 더욱 중대하고, 더욱 위험하다'고 믿고, 그 결과 전국면의 지휘에 불리한 영향을 미친 일이 많다. 그것은 지휘관이 냉정한 객관성을 상실하고 주관적으로 되기 때문이다.

인간이 주관적으로 되면, 의사의 자유를 최대한 발휘하려고 하지만, 그것이 불가능하다는 것을 알게 되면, 그 순간 신비적인 관념이 용솟음쳐서 냉정시의 이성으로는 도저히 믿을 수 없는 것까지 믿게 된다. 지휘관의 명령도 없는데 무의미한 사소한 일이 원인이 되어 전투도중 불가해한 철수 행동이 발생하고, 이것이 전반적으로 파급되는 기이한 현상이 생기는 것은 이 때문이다. 1914년 마르느 전역에서 독일 제2군의 철수 상황은 이러한 관점에서 살펴볼 필요가 있다.

한편, 지휘관은 자기 의사의 자유를 완전히 발휘함과 동시에, 피통솔자에게도 가급적 의사의 자유를 발휘하도록 배려하여야 한다. 인간 의사의 자유와 신념, 그리고 책임관념은 불가분의 관계에 있다. 의사의 자유가 없는 곳에는 신념과 책임관념이 있을 수 없다. 피통솔자로 하여금 그의 전능력을 발휘시킬 수 없기 때문이다. 피통솔자 또한 그의 부하에 대해서는 지휘관임을 고려해야 한다. 지휘통솔자 역시 만능은 아니기 때문에 지휘통솔의 능력에는 한계가 있다. 또 피통솔자 또한 그 부하에 대해서는 엄연한 지휘관이므로 책임감을 느끼고 신념을 가지며, 현장의 상황에 대해서는 상급 지휘관보다 잘 알고 있다. 더욱 전장에 있어서는 착오와 혼란이 자주 일어나고, 전세는 항상 변화하여 순간적으로 전기를 상실할 수 있다.

피통솔자로 하여금 가능한 한, 그 의사의 자유를 발휘하게 하고 지휘의 통일을 유지하는 것은 실로 지휘통솔의 요체이다. 어느 정도로 지휘통솔의 고삐를 조여서 통일을 기하고, 어느 정도로 고삐를 풀어 주어 부하의 독단적 활동에 맞길 것인가? 즉 사람의 심리와 전황의 변화에 따라 작전지휘의 완급을 조정하고, 통일하여 구속하지 아니하며, 풀어 놓아도 상궤를 잃지 않도록 하는 것이야말로 지휘통솔의 묘이다. 지휘의 통일은 단지 지휘통솔자의 노력만으로 달성되는 것이 아니다. 부하에게 '통일하려는'마음이 없어서는 안 된다.

* 지휘관은 상황에 따라 자신의 의사에 반한 하급 지휘관의 의사를 폭넓게 받아들이고, 자진하여 가능한 한 지원해 주어야 하나 이러한 일은 평범한 지휘관으로서는 할 수 없는 일이다.

상급 지휘관은 의사의 자유가 있는 피통솔자의 정신자세를 고려하지 않고 지휘명령을 부과하여서는 안된다. 피통솔자의 정신적 상태를 파악하는 일은 실로 지휘통솔의 중대 사항이며, 상하가 동일한 정신적 자세를 갖거나 서로의 마음을 충분히 이해할 수 있을 때 비로소 그 부하는 '지휘관의 군대'라 할 수 있다. 지휘관은 부대와 부대원에게 하나의 정신을 주입하여 완전한 유기체로 활동하도록 해야 한다.[84] 이는 평시의 언행과 지도, 교육훈련 등을 통

84) 샤론호스트와 몰트케의 전통을 이어받은 독일군들의 '임무형 전술'은 일부 정보가 부재한 상황에서도 현지 지휘관이 상급 사령부의 작전의도와 부합된 행동을 취할 수 있는 정도의 자유를 하급 지휘관들에게 허용함으로써 소기의 결과를 달성하도록 하는 것이다. 그래서 고급 사령부는 휘하 지휘관들에게 폭 넓은 재량권을 주고, 이들로 하여금 독창성을 발휘해 행동하도록 하되, 나름의 재량권 아래서 독창적으로 행동할 수 있는 적절한 훈련을 평소부터 시행하였다. 위의 책, pp. 437~438.

하여 부단히 주입되고 만들어 져야 한다. 그래서 이론상 타당한 부대편조라 하더라도 그의 정신적 결합을 무시하면 좋은 효과를 올릴 수 없다. 다소의 불리점이 있어도 건제(원래의 편제)를 유지하는 것의 유리점은 이 때문이다. 제1차 세계대전시 동부전선에서 제8군 사령관 힌덴부르크는 탄넨베르그의 대승에 의해서 절대적인 신망을 획득함과 동시에 급속히 그의 지휘통솔력을 강화했는데, 힌덴부르크는 탄넨베르그의 전승은 슐리펜 원수가 남긴 '독일군 지휘통일'의 관념이 준 선물이라고 말한 것은 음미해 볼 만한 대목이다. 그러나 이와 달리, 서부전선에서 불란서 침공시 몰트케의 슐리펜 계획의 수정과 그 실시과정에서 중대한 문제가 나타났는데, 전략적 관념의 통일은 전술적 관념의 통일보다 더욱 중요하다는 것이 증명되었다. 마르느 전역에서 독일 제1군 사령관 크루크와 제2군 사령관 뷜로브와의 사이에 있었던 부조화와 40Km 부대간격 발생은 이를 잘 나타내고 있다.

명령은 행동개시의 신호에 불과하다. 군에 있어서 명령은 절대적이다. 명령을 하달한 이상 실행하지 않으면 안된다. 그러나 이 명령도 관점을 바꾸어 본다면 행동개시의 신호에 지나지 않는다. 명령이 제대로 행해지기 위해서는 그 전에 명령을 받는 자가 명령을 잘 이해하여 스스로 그것을 실행하려고 하는 심적인 준비가 되어 있는가 즉 명령에 의해서 따르도록 하는 것이 아니라, 따르게 해놓고 명령하는 것이 중요하다.

상급지휘관으로부터 정신을 전수받고 그 암시를 감지한 피통솔자는 설사, '사고의 자유'가 있다 하더라도 그의 사고방식은 상급지휘관의 의사에 영접하며 감화력을 증대한다. 따라서 명령의 이해를 신속하고 용이하게 하여 임기응변의 독단활용도 상급 지휘관의 의도하는 방향에 적합할 가능성이 증대한다. 새로운 작전상의 대기도를 수행하려고 할 경우에, 상급지휘관은 피통솔자의 정신자세를 준비하기 위하여 특별한 조치를 강구해야 한다.

명령의 취지를 진실하게 이해할 수 있는 자는 발령자뿐이다. 의사의 자유를 가지고 입장과 경우를 달리하는 수명자는, 결코 발령자가 생각한대로 명령을 이해할 수 없다. 그러나 사전에 수명자에게 어떤 암시를 한다면, 양자의 의사가 접근하고 수명자의 감응성이 증대하기 때문에, 발령자의 의도밖으로 수명자가 이탈하는 위험을 적게 할 수 있다. 손자는 상하가 뜻을 같이하는 자는 이긴다고 하였다. 이것은 바로 승리의 긴요한 요소를 짧은 말로 지적한 것이다.

나폴레옹은 중요한 명령을 하달하기 전에 부하들의 마음을 열광시키는 연설을 하곤 하였다. 그의 웅변에 열광한 병사들은, 보통 때라면 당연히 반항할 정도의 가혹한 명령에도 기꺼이 복종하였다. 1796년 이탈리아 초기 전역의 개시에 즈음하여, 나폴레옹이 그의 예하 부대원들에게 한 연설은 침체된 병사들의 사기를 북돋아 불타오르게 하였고 그의 다음 명령을 기대하도록 만들었다. 후에 원수의 직위에 오른 마세나, 란느 등의 유명한 청년 장교들은 이 연설에 감격하여 자기가 영광에 도달할 수 있는 길은 나폴레옹의 운세에 추종하는 길 뿐이라는 생각을 했다고 한다.

4. 지휘관의 의사결정

적보다 앞서 자주적으로 나의 의사를 결정하고, 조속히 방침을 확립하는 것은 선제권을 장악하고 적극적이고 주동적인 작전지휘를 하기 위한 첫째 요건이다. 자신의 결정을 상황의 추이에 맞기지 않고, 자기의 법칙을 적에게 강요하도록 노력하여야한다. 아군이 적의 주동적 기도를 탈취하지 못하면, 적이 아군의 주동적 기도를 탈취하게 되고, 적을 제압하지 못하면, 적이 아군을 제압한다. 고로 적보다 선제를 획득함은 전승의 첫째 요건이다. 지휘관의 의사결정은 단지 적보다 앞설 뿐 아니라 부하보다도 앞서야한다.

선제는 부하에 대해서도 필요하다. 부하가 먼저 의사를 결정하여 그것이 지휘관의 의사와 전혀 달랐을 때, 양자를 일치시키는 일은 지극히 곤란하며 전투상황이 이를 허용하지 않을 때도 많다 계획의 수립과 전달도 마찬가지이다. 지휘관은 기회를 놓치지 않고 이 점을 명시해야한다. 1905년 러일전쟁시 봉천회전을 개시하기전 그해 2월 23일에 총사령관의 명령이 하달되었는데, 제4군을 제외한 각 군은 모두 독자적인 작전계획을 세우고 있어서 (제2군은 2월 17일 작전계획을 총사령부에 제출했다) 명령의 취지에 맞게 수정이 불가능한 부분이 있었다는 것이다.

지휘관의 결심은 실로 통솔의 근원이다. 결심은 작전지도에 관한 확고한 신념에 입각하여, 통일적이고 명확하며 일말의 오해가 없이 적시에 하달되어야 한다. 확고한 신념에 입각하지 않은 결심은, 때때로 동요를 일으켜 지휘계통을 혼란에 빠뜨림은 물론, 부하를 감동시킬 수 없으며 장병의 마음을 귀일시킬 수 없다. 특히 대부대의 지휘관은 중대한 결심을 경솔히 하지 않도록 경계해야 하고, 신중히 고려한 후에 결심을 변경해야 한다. 대부대의 운용에 관한 결심은 작전의 대주안을 명확히 하는 것이어야 하며 단편적이어서는 안된다. 이와 달리 소부대 지휘에 관한 결심은 비교적 단편적으로 수시 하달하는 것이 좋다.

결심은 순간적으로 행하여야 할 때가 많으나, 거기에 이르기까지의 과정은 주도하고 신중한 숙고를 거쳐야 한다. 1962년 쿠바 미사일 사건 때 미국의 케네디 대통령은 미국의 안보를 위해서는 만난을 무릅쓰고라도 쿠바 미사일을 제거해야 했다. 그러나 케네디는 소련이 어떠한 행동으로 나오더라도 대처할 수 있도록 준비한 후에, 미사일 용품을 적재한 소련 선단을 쿠바 앞바다에서 저지한다는 단호한 결단을 내렸던 것이다. 한 가지 결단을 내리기 위하여 얼마나 많은 대안의 검토와 만약의 경우에 대한 대비책이 준비되어야 하는가에 대한 좋은 사례가 될 수 있다.

당시 미국이 취하려는 기도는 전면적인 핵전쟁을 일으킬 위험이 있었다. 케네디는 미사일 기지를 공중폭격으로 파괴하든가, 쿠바에 상륙 침공하여 제거하든가, 소련으로부터의 해상수송저지 등, 모든 안을 검토하여 그것을 행할 경우 어떠한 결과가 일어날 것인가 하는 가능한 경우를 가상하여 모든 대책을 준비했다. 예를 든다면, 소련의 미사일 용품을 실은 수송선을 저지하기 위해서 최초에는 순양함을 배치하기로 했으나, 소련의 잠수함이 따라올 것을 생각해서 대잠장비를 갖춘 헬리콥터로 지원된 항모를 사용하기로 변경하고, 그 외에 구축함 에섹스호를 출동시켜 음파탐지장치로 잠수함에게 수면으로 부상하도록 신호를 보내고, 만약 거부할 경우는 폭뢰를 계속 투하할 준비를 하였다. 또, 정보수집을 위하여 미국기가 촬영한 항공사진의 필름은 길이 200킬로 폭 40킬로나 되는 막대한 양에 이르렀다. 이와 같은 준비와 함께 소련이 어떠한 행동으로 나오더라도 대처할 수 있도록 전 세계에 걸쳐 미군의 전투준비상태를 배비하였던 것이다.

지휘관이 결심을 하는 데 필요로 하는 정보는 적시에 제공되어야 한다. 그러나 진실과 허위가 불명하거나 모순당착의 많은 정보는 통상 지휘관과 참모를 뇌살시킨다. 지휘관이 결심을 적절하게 하기 위해서는 참모의 정보활동은 항상 주도면밀하고 정확해야 하며, 특히 피아군의 설정과 그들의 가능한 행동은 정확하게 파악하고 있어야 한다. 적보다 우월한 정보수집은 전승의 기본요소이다. 전승을 위해서는 가용한 모든 수단을 통하여 정보를 수집하고, 정보전에서 적을 압도하여 선제와 주도권을 확보해야 한다.

임진왜란시 이순신 장군은 정보전에 뛰어난 감각을 가졌다. 그는 항상 부하 장수들로부터 적정에 대해 빈틈없이 보고를 받았고, 전투 중에도 항상 적을 탐지하는 수많은 초탐선을 운용했다. 1593년 계사년의 장계를 보면, 싸움을 하는 전선의 수보다 오히려 적을 탐지하는 조탐선의 수가 많았고, 당시 이순신의 통합함대는 96척이었는데 초탐선은 106척이었고, 이듬해 1594년 갑오년에는 전선이 129척이었는데 초탐선은 110척이나 되었다. 명량 해전에서도 전선은 불과 13척이었는데 초탐석은 32척이나 되었다.

참고문헌

강신철, 「함경도 일기」, 서울: 21세기 군사 연구소, 2001.

국방부 전사편찬위원회, 「임진왜란사」, 서울: 국방부, 1987.

김광수 외, 「군사사상사」, 서울: 도서출판 황금알, 2006.

김종대, 「여해 이순신」, 서울: (주)위즈덤 하우스, 2008.

———, 「내게는 아직도 배가 열두 척이 있습니다」, 서울: 북포스 2004.

김태훈, 「이순신의 두 얼굴」, 서울: 창해, 2004.

노병천, 「이순신」, 서울: 양서각, 2005.

———, 「손자병법」, 서울: 양서각, 2005.

노승석, 「이순신의 난중일기」, 서울: 동아일보사, 2005.

노중호, 「삼국지 용병학」, 서울: 중명출판사, 2002.

미야모토 무사시 저 , 안수경 역, 「오륜서」, 서울: 도서출판 사과나무, 2004.

박혜일, 「이순신의 일기」, 서울: 서울대학교 출판부, 1998.

손무, 「손자병법」.

안철수, 「CEO 안철수, 영혼이 있는 서울」, 서울: 김영사, 2001.

오오바시 다케오 저, 강창구 역, 「통수강령」, 서울: 병학사, 1980.

온창일, 「한민족전쟁사」, 서울: 집문당, 2001.

유승룡, 「징비록」, 서울: 서해문집, 2003.

이민웅, 「임진왜란 해전사」, 서울: 청어람미디어, 2004.

이순신, 「충무공전서」, 서울: 성문각, 1989.

———, 「난중일기 친필초본」, 서울: 대학서림, 1977.

이순신 지음, 송창섭 역, 「난중일기」, 서울: 서해문집, 2007.

이원균, 「조선시대사 연구」, 서울: 국학자료원, 2001.

이은상, 「난중일기」, 서울: 현암사, 1968.

———, 「완역 충무공 전서」상 · 하, 서울: 성문각, 1989.

임원빈, 「이순신 병법을 논하다」, 서울: 도서출판 신서원, 2005.

정두희 · 이경순, 「인진왜란 동아시아 삼국전쟁」, 서울: 휴머니스트, 2007.

조성도, 「충무공 이순신」, 서울: 연경문화사, 2003.

태공망` · 황석공 저, 유동환 역, 「육도 · 삼략」, 서울: 홍익출판사, 2005.

크리스터 요르겐센 저, 오태경 역, 「나는 탁상위의 전략은 믿지 않는다 (Rommel's Panzers)」, 서울: 도서출판 플레닛 미디어, 2007.

허경진, 「난중일기」, 서울: 한양출판, 1997.

황원갑, 「부활하는 이순신」, 서울: 이코비즈니스, 2005.

Bevin Alxander 저, 김형배 역, 「위대한 장군들은 어떻게 승리하였는가 (How Great Generals Win?)」, 서울: 연경문화사, 2 001.

Gordon R. Sullivan & Michael V. Harper 저, 강미경 역, 「장군의 경역학」, 서울: 창작시대사, 1996.

Martin van Creveld 저, 김주섭 · 김용석 · 권명근 역, 「전쟁에서의 지휘 (Command in War)」, 서울: 연경문화사, 2001.

William A. Cohen 저, 안충준 역, 「장군들의 지혜(Wisdom of the Generals)」, 서울: 백산 출판사, 2001.

저자약력

- 창녕출생
- 육군사관학교 졸업(28기)
- 고려대학교 대학원(정치학 석사)
- 경남대학교 대학원(정치학 박사)
- 한국 군사사학회 사무총장
- 현 경남대학교 법정대 부교수

주요논문과 저서

- 일본의 재무장에 관한 연구(고려대, 1980)
- 일본의 재무장이 한국안보에 미치는 영향(국방대학원, 1991)
- 합동정보작전(합참, 2000)
- 남북한 접경지역의 평화적 이용 및 군사적 신뢰구축 방안: 역사적 사례분석과 한반도 적용모델 모색(경남대, 2002)
- 접경지역 평화지대론(연경문화사, 2005)
- 군사학개론(양서각, 2006)

이순신장군의 삶과 장교의 도 정가 10,000원

제 1 판 1 쇄 2009년 7월 13일 인쇄
제 1 판 2 쇄 2015년 6월 25일 발행

저 자 장 용 운
발행자 신 소 연
발행소 양 서 각

인지

서울시 도봉구 쌍문동716-27
(등록 1992년 4월 30일 제3-412호)
전화 991-6234 FAX 994-4360